心理传记与质性心理学

Psychobiography and Qualitative Psychology

中国心理学会心理学质性研究专业委员会
岭南师范学院心理传记学与生命叙事研究所
主办

2020
Vol.8

第八辑

郑剑虹
刘电芝

主编

傅安国

执行主编

中央编译出版社

图书在版编目（CIP）数据

心理传记与质性心理学. 第八辑／郑剑虹，刘电芝主编. —北京：中央编译出版社，2020.12
ISBN 978-7-5117-3917-9

Ⅰ. ①心… Ⅱ. ①郑… ②刘… Ⅲ. ①心理学-文集 Ⅳ. ①B84-53

中国版本图书馆 CIP 数据核字（2021）第 002766 号

心理传记与质性心理学. 第八辑

责任编辑	郑永杰
责任印制	刘　慧
出版发行	中央编译出版社
地　　址	北京西城区车公庄大街乙 5 号鸿儒大厦 B 座（100044）
电　　话	（010）52612345（总编室）　　（010）52612362（编辑室） （010）52612311（营销部）　　（010）52612315（新技术部）
传　　真	（010）66515838
经　　销	全国新华书店
印　　刷	河北下花园光华印刷有限公司
开　　本	710 毫米×1000 毫米　1/16
字　　数	245 千字
印　　张	18
版　　次	2020 年 12 月第 1 版
印　　次	2020 年 12 月第 1 次印刷
定　　价	89.00 元

新浪微博：@中央编译出版社　　　微　信：中央编译出版社(ID: cctphome)
淘宝店铺：中央编译出版社直销店(http://shop108367160.taobao.com)　（010）52612322

本社常年法律顾问：北京市吴栾赵阎律师事务所律师　　闫军　梁勤
凡有印装质量问题，本社负责调换，电话：（010）52612317

主办：中国心理学会心理学质性研究专业委员会
　　　岭南师范学院心理传记学与生命叙事研究所

编审委员会

编审顾问：黄希庭
主　　编：郑剑虹　刘电芝
副 主 编：郭永玉　钟　年　燕良轼　甘怡群　杨莉萍
编审委员（按姓氏笔画排序）：
　　丁兴祥（台湾辅仁大学）
　　丁道群（湖南师范大学）
　　尹可丽（云南师范大学）
　　甘怡群（北京大学）
　　叶一舵（福建师范大学）
　　田良臣（江南大学）
　　田　宝（首都师范大学）
　　刘电芝（苏州大学）
　　刘　力（北京师范大学）
　　刘学兰（华南师范大学）
　　刘　毅（武汉大学）
　　江　波（苏州大学）
　　毕重增（西南大学）
　　李文玫（台湾龙华科技大学）
　　李力红（东北师范大学）
　　李继波（岭南师范学院）
　　吴继霞（苏州大学）
　　谷传华（华中师范大学）
　　陈祥美（台湾中国文化大学）

陈建文（华中科技大学）
陈羿君（苏州大学）
陈顺森（闽南师范大学）
张雨青（中国科学院）
张慈宜（台湾辅仁大学）
张宝山（陕西师范大学）
杨莉萍（南京师范大学）
杨　玲（西北师范大学）
郑剑虹（岭南师范学院）
郑荣双（岭南师范学院）
范丽恒（河南大学）
罗文波（辽宁师范大学）
钟　年（武汉大学）
郭永玉（南京师范大学）
郭斯萍（广州大学）
贾宇琰（中央编译出版社）
贾林祥（江苏师范大学）
耿文秀（华东师范大学）
翁开诚（台湾辅仁大学）
徐建平（北京师范大学）
凌　辉（湖南师范大学）
萧延中（华东师范大学）
阎书昌（河北师范大学）
傅安国（海南大学）
舒跃育（西北师范大学）
赖诚斌（台湾辅仁大学）
翟　群（澳门理工学院）
燕良轼（湖南师范大学）
薛荣祥（台湾龙华科技大学）

编辑部主任：何吴明博士（岭南师范学院）

目录
contents

高端视点

把心理学的成果写在社区千家万户的心坎里
黄希庭 / 1

心理传记学

国学大师刘文典磨黑之行的心理传记学研究
赵敏如　尹可丽 / 7
王阳明龙场悟道的心理传记学研究
江志豪　葛明贵 / 33

生命叙事

感恩者心理资本发展的叙事研究
和仕杰　罗鸣春 / 63
从无能感到情感解放：一位研究生在疫情期间透过生涯叙事迈向身份认同
魏润芝　张继元　舒跃育　袁彦 / 97

质性研究方法

"90后"研究生的孤独感——焦点团体访谈与扎根理论探索
肖　瑞　杨莉萍　谭梦鸽　/ 133

社会工作视角下小学生体重去污名化研究
陈　浩　叶一舵　/ 181

中高收入家庭高龄二孩妈妈生育动机的质性探究
李文桐　耿文秀　/ 207

高校心理咨询中的双重身份及其影响
车莹露　田　浩　/ 255

《心理传记与质性心理学》征稿启事　/ 273

《心理传记与质性心理学》2020年审稿专家名录　/ 279

目录 contents

View from the Top

Write the Achievements of Psychology into the Hearts of Thousands of Families in the Community
Huang Xi-ting / 1

Psychobiography

A Study on the Psychobiography of Liu Wendian, a Master of Sinology Who Went to Mohei
Zhao Ming-ru Yin Ke-li / 7

Psychobiographical Research of Wang Yangming's Comprehension in Longchang
Jiang Zhi-hao Ge Ming-gui / 33

Life Narrative

Narrative Research on the Development of Gratitude's Psychological Capital
He Shi-jie Luo Ming-chun / 63

Feeling Emotionally Liberated from Incompetence: A Graduate Student during the Epidemic Approachs Identity through Career Narrative

Wei Run-zhi　Zhang Ji-yuan　Shu Yue-yu　Yuan Yan　/ 97

Qualitative Method

The loneliness of Post-90s Graduate Students: The Combined Exploration of Focus Group Interview and Grounded Theory

Xiao Rui　Yang Li-ping　Tan Meng-ge　/ 133

A Study on Social Work Intervening in Weight De-Stigmatization among Primary School Students

Chen Hao, Ye Yi-duo　/ 181

Qualitative Research on the Childbearing Motivation of the Elderly Second Child Mothers in Middle and High Income Families

Li Wen-tong　Geng Wen-xiu　/ 207

Double Identity and Influence of the Psychological Counseling in Colleges and Universities

Che Ying-lu　Tian Hao　/ 255

Call for Papers　/ 273

把心理学的成果写在社区千家万户的心坎里

黄希庭

（西南大学心理学部，重庆北碚，400715）

/ 编者按 /

1937年出生的西南大学资深教授黄希庭，是我国当代教育名家，首届国家级教学名师奖获得者，全国教书育人楷模，我国时间心理学、人格心理学和社区心理学的开拓者和领军人物之一；曾担任国务院学位委员会第五届心理学科评议组召集人，全国博士后管委会第六届专家组成员及教育学科组召集人，教育部长江学者评审专家组成员及教育学科组召集人。黄希庭教授是我国心理学界的常青树，耄耋之年仍在孜孜不倦地培养心理学人才。2020年12月29日，黄希庭教授对杜刚和李树杰两名博士生的开题报告进行指导和点评，点评内容对年轻学者如何做好心理学研究，特别是如何开展社区心理学研究和心理学质性研究具有重要的指导意义。在征得黄先生的同意下，本刊第八辑刊登该点评内容，以飨读者。

一、"当代中国人宽恕的概念化：一个交互作用的视角"课题点评

宽恕这个选题有什么意义，有什么价值？你要把它讲清楚，你研究"当代中国人宽恕的概念化"这个题更应该讲清楚有什么现实的理论意义，有什么现实的实践意义？到哪里去找文献的支持？到党中央的文件、到习近平的治国理政的讲话中去找。光从词汇学的角度就不可能分析出研究这个选题的现实的理论和实践价值，我们中国人的词汇很多，随便抓一个词语来就可以分析出它的现实意义啦？不是的。要从这个词在人们生活中的价值来看。比如说，"进取"，我们党中央的文件、习近平的讲话多次讲到"进取"，从中央的文件引几段话就很容易阐释它对当代中国人的应用价值和理论价值，但是在传统心理学里头却没有"进取"这个术语。

如果世界上对"宽恕"的见解都是一样的，都是一个观点，你要怎么来研究呢？我们不能只是一厢情愿——我要研究；而是要从几个方面来思考，怎么办呢？这是一个普世的观点啊。其实，宽恕这个概念是有多种含义的，不是只有一种含义的。这是我的一个观点。为什么这样说呢？因为我们可以从不同的角度来加以研究。第一，它是一种行为模式，我们直接把宽恕看成一种行为模式，这种行为模式有它自己的直接原因，比如说"己所不欲，勿施于人"，这个原因就是说不愿意把不好的东西给别人，愿意把好的东西给别人。第二，可以从发展的观点来考察，用发展的观点来看，宽恕是逐渐形成的、逐渐学会的。是怎样学会的，孔融为什么会让梨，一个4岁的娃娃都愿意把自己的东西给人家，这是一种发展的观点看问题。第三，是功能的观点。宽恕行为模式的适应价值是什么？宽恕的适应性价值可能是儒家的适应观，是有利于国家、社会的发展。第四，还可以用进化的观点来看，宽恕这种行为模式的产生可能是

物种进化过程中因生存竞争中的某种力量而塑造出来的，这也许是值得研究的。宽恕在我国是2500年以前就提出来的，现在我们还在坚持这个观点，这是不是一种进化的观点呢？第五，可以用文化的观点来考察宽恕这种行为模式。我们生活在多种文化中，从而发展起来既有相同又有不同的宽恕行为。你觉得怎样？是不是还有进一步研究之必要？心理现象是很复杂的，每一种心理现象都有多种含义，我们完全可以从多种含义出发去形成宽恕的概念化，去进行研究。心理学的很多概念，都是有多种含义的。那种清晰的含义是研究者的界定，如果你界定了宽恕，给出了操作性定义，那讨论只能在这个范围之内进行，可不可以在界定之外讨论呢？当然可以。那是另一个问题了。宽恕是有多种含义，其他概念如"进取""智慧""时距知觉适应后效"等，也都是有多种含义的，不是一种含义的。请大家一定要记住，心理学的每一个概念都是有多种含义的，这些概念之所以能写入教科书，是因为被大家认可了，所以首先你的一个任务就是厘清概念，给出操作性定义，这也就是概念化过程。我建议你不要纠缠于是西方的还是中国的宽恕，没有必要讨论这个问题，因为中华文化本身就有很强的包容性。

我再讲一点，宽恕既有很多的含义，也可以做不同的研究，以怎样的一个新视角找到它的新切入点呢？这是研究者的智慧。如果是别人做过的，我也按着别人的思路去做，那太没有出息了。到现实生活中去，中国谚语当中关于宽恕的谚语有很多。例如中国民众的人际交往中有"打人休打脸，骂人休揭短"，这是讲人际交往中要宽恕人；还有如"大海浮萍，或有相逢之日"，"大恩不言谢，大能不掩小"，"大人不责小人过"，等等，像这一类的话很多很多。我们可不可以从心理学的角度去研究呢？如果我们的博士生能那样去做，那确实是高智慧的。当务之急是我们怎样找到一个新的切入点去研究。新的切入点在哪里？我建议你用宽恕的思路去处理社区中的各种关系，用新的视角去研究社区中的家庭关系，把它用来解决人际关系、群际关系，以显示中国人在这些问题上都有自己独特的智慧。现在有些人对做社区心理学很反感，因为觉得不吃香，说没有做 ERP、fMRI 的那些吃香。这种观点是不对的，我们的心理学研究要有应用价值，不能搞一些纸上谈兵的。把心理学的研究成果写在社区千家万户的心坎里，那才是一件很光荣的事情，既有现实的理论价值又有现实的应用价值。

最后，宽恕是否要有底线，没有底线的宽恕，我们中国人会赞成吗？我觉得宽恕得有底线，底线在哪里恐怕也要讲一讲。我们不是讲什么都要宽恕的，该惩罚的还是要惩罚，该开除出党的还是要开除出党，该判刑的也要判刑。

二、"当代中国人进取品质的结构探析" 课题点评

我觉得你的主题访谈有些问题。你说一说你上一篇论文《〈四库全书〉中进取的心理学指标和维度初探》，你找出的四个指标是希望、热情、自信和勇气。你今天访谈得到的也是这四个吗？那就很值得怀疑了。《四库全书》是在乾隆三十七年即 1772 年开始修编，至今快要 250 年了。时间快过了 250 年，这期间中国人经历了多少苦难、耻辱，甚至面临亡国灭种；后来在中国共产党的领导下，又经历了从站起来到富起来再到强起来的时代，人们的进取心指标没有任何变化？

当今中国人更向往美好的生活、更加自信了吧！你这个访谈得出的当代中国人进取心的指标和《四库全书》时代的进取指标完全一样，可信度就很值得怀疑。

应该把研究思路打开一下。要用历史的观点，要用当代大国担当责任的观点来分析，你完全用那四个指标来概括当代中国人的进取心，怎么能讲得通？你想一想，我们的国家已经过了多少年的时间了，快过去 250 年了。中国的面貌发生了翻天覆地的变化，而当代中国人的进取心指标还是与《四库全书》

那个时代一样，你就不担心专家提出质疑吗？

还有一个问题，现在提炼出的二级指标，建议你还得仔细考虑，准确把握，我看了里面有一些指标的意思是重复的、重叠的。怎样把它们分开呢？我建议，最好是用受访者的话语来概括，不一定用很规整排比的词语来概括。你首先要考虑的是概括的话语的准确性，即使是那个地方的土话也是可以的，要有地方特色、时代气息，要使你的概括是可信的。你那个访谈都在云南做的吗？（答：云南的受访者只是少部分，其他全国各地都有受访者，线上线下的访谈都有。）你的资料必须保存好，以便他人检查你的资料。不保存好就会很麻烦，因为你的这几个指标是难以说得通的，过去250年了，还是那四个指标，要么是前面搞错了，要么是后面搞错了。可以做指标的词语多得很嘛，不要自己和自己过不去，如果在这一关被卡住了，后面就更走不通了。

使用开放式主题访谈，要允许别人质疑，更何况质疑是有根据的。这是一种"自然"的活动，但还有一些技巧需要学习、磨炼。我没有听出来你是怎样进行这种访谈的。你的访谈资料分析，我也没有听清楚。你是怎样找到分析资料的模式？怎样进行编码？怎样归类？都需要认真思考和写作，才能做出一篇高质量的质性研究论文。

有两本书，我希望做质性研究的同学认真地学习。一本是陈向明著《质的研究方法与社会科学研究》（教育科学出版社2000年版）；另一本伊凡希雅·莱昂斯和阿德里安·考利主编，毕重增主译《心理学质性资料的分析》（重庆大学出版社2010年版）。这两本书对心理学的质性研究程序和资料分析都有详细的讨论。我们是否只能按照这两本书的要求来做呢？也不一定。首先你要学会质性研究的基本含义、程序及资料分析的做法。方法上也是可以创新的，我们创新的目的是使这种方法更好地适用于研究中国社区的有关问题。

国学大师刘文典磨黑之行的心理传记学研究*

赵敏如[1]　尹可丽[2,**]

([1]云南师范大学教育学部，昆明，650500)

([2]苏州大学教育学院，苏州，215123)

/ 摘　要 /

刘文典是中国近现代史上的一位国学大师，校勘学与研究庄子的专家，他高才博学、恃才傲物、狂狷不羁，极具传统士大夫的傲骨。然而，在西南联大任教期间，刘文典却做出了在众人看来"气节失守"的磨黑之行、卖墨之举，这其中的矛盾着实令人困惑。本研究以此为切入点，从心理传记学的取径出发解读刘文典的磨黑之行。刘文典此行是对其内在的智慧老人原型——庄子（南华真人）的认同而致使人格个性化的结果。他效仿庄子、全生保身、博爱众生、尽力治学，同时也产生了过度的自我膨胀。磨黑一行，刘文典通过个性化进程最终达成了"自

---

* 基金项目：云南师范大学大学生科训重点项目。

** 通讯作者：尹可丽，教授，E-Mail: yinkeli@ynnu.edu.cn。

性"的实现,他顺从了自己的本心,做了最真实的刘文典。

/ 关键词 /

刘文典,人格,自性,个性化,心理传记学

刘文典是中国近现代史上的一位国学大师,校勘学与研究庄子的专家,他高才博学、恃才傲物、狂狷不羁,极具传统士大夫的傲骨(马仁杰,黄伟,刘伟,2019:1)。然而,在西南联大任教期间,刘文典却做出了在众人看来"气节失守"的磨黑之行、卖墨之举,这其中的矛盾着实令人不解。

之所以选择刘文典先生作为此次心理传记学研究的传主,缘起于刘文典先生自北平只身南下联大的奉献精神和任教于西南联大期间的光辉岁月深深地触动了笔者的内心。1937 年 7 月 7 日,抗日战争全面爆发,是月底,南京国民政府正式电令北京大学、清华大学与南开大学南迁长沙,组成长沙临时大学;一学期后,长沙局势紧迫,三校再迁昆明,改称国立西南联合大学;抗战胜利之后,三校复员北返,师范学院留昆旧址独立建校,定名国立昆明师范学院,现为云南师范大学(任继愈,2017:22)。这所在中国近现代史上仅存在了 8 年零 11 个月的西南联大堪称中国教育史上的一个奇迹,更是中国教育历程上的一座丰碑。1938 年春,身在北平的刘文典先生悄然辞别家人,抱着牺牲性命之决心,不顾艰难险阻,独自一人,辗转万里,荆棘载途,来到云南蒙自——当时西南联大文学院所在地任教(章玉政,2011:228)。在西南联大任教的几年间,刘文典先生教授《庄子》《文选》等课(陈红映,2016:87 - 89)。他没有因为日军侵袭而落下一节课,"国难当头,宁愿被日机炸死,也不能缺课"便是他内心始终坚守的信念(张中行,2003:31)。刘文典先生其人其事在西南联大历史上留下了不可磨灭的印记。

心理传记学的研究起源于西格蒙德·弗洛伊德的《达·芬奇及其童年的回忆》（Freud，1959）。有学者认为，以理论和研究作为武装，直接针对某个人的细节去探索其心灵，这就是心理传记学（Schultz，2005）。心理传记学的研究对于有独特生命历程的个案情有独钟，强调以个案为方法取向，以研究者或旁观者客观的角度，分析或诠释传主（当事人）的生命。从传主某种独特而令人费解又引人深思的悬念性问题入手，以对悬念性问题的探讨和解释贯穿整个研究是心理传记学研究的一大亮点。过去，对刘文典的研究主要集中于文学和历史学的角度，本文拟从心理传记的取径出发，运用心理传记学来研究国学大师刘文典，或可提供新的视角。

本文以有"活庄子"美誉的西南联大教授刘文典（傅来苏，2003：84）为传主进行心理传记学的研究，目的是采用荣格的个性化理论，对刘文典被世人诟病的"磨黑之行"进行心理学的解读，以期揭示个体的人格及其行为是如何受其榜样人物所持价值观和思想影响的。

一、刘文典生平简述

刘文典（1889—1958），字叔雅，原名文聪，笔名天明等，安徽合肥人，祖籍怀宁（诸伟奇，2003：1），是中国近现代史上杰出的文史大师，校勘学与庄子研究的专家（诸伟奇，2018：68-73）。刘文典从小饱读诗书，受到西方文化的影响，早年投身革命，并加入同盟会，参加过辛亥革命和五四运动，与陈独秀等人共同创办《新青年》杂志，成为国民革命的先驱，后来任教于北大和清华，在古籍校勘学上造诣非凡（林文勋，2016：1-2）。1938年自北平南下，到国立西南联合大学任教（李作新，2016：36）；1943年，又转到云南大学任教，直至终老（张友铭，2016：3）。

刘文典早年受教于陈独秀（井晓晴，2003：144），获刘师培重点培养

（张友铭，2016：1）。后师承章太炎，曾追随孙中山，营救过陈独秀，结交胡适，顶撞过蒋介石，并始终万分钦佩国学大师陈寅恪（诸伟奇，2003：2）。中年时，他被传闻呵斥过沈从文，批评过鲁迅、巴金（吴进仁，张昌山，张志军，2018：30）。新中国成立后，还当过国家一级教授，并被开国领袖毛泽东当面称赞过（张友铭，2016：159-160）。刘文典一向推崇"精神之独立，思想之自由"（李瑞，傅来苏，2003：95-96）。任教期间，其所讲授课程，从先秦、两汉、唐、宋、元、明、清到近现代，从希腊、印度、德国到日本，古今中外，包罗万象，并以其恃才自傲和特立独行的授课方式声名远扬（马仁杰，黄伟，刘伟，2019：8）。"狷狂之本色，民国之硬骨"（章玉政，2008：1-6），这是撰写刘文典生平传记的作者章玉政对他的概括性评价。

二、刘文典的磨黑之行

抗日战争中的昆明，物资匮乏，货币贬值，物价飞涨，教员薪金又常常不能按时支付，任教于西南联大的刘文典及其家人生活也十分艰苦（诸伟奇，2003：9）。1943年4月1日，他应滇南地区盐商的邀请，到磨黑中学任教，此举在西南联大内外引起了诸多非议；半年后他回到昆明，却已被西南联大解聘（章玉政，2011：270-272）。

刘文典磨黑之行的始末错综复杂。首先，对于磨黑中学的办学背景，当年赴磨黑的西南联大学子亦是共产党员之一的萧荻曾撰文进行介绍：

> 普洱磨黑井是滇南著名产盐区，也实际上是当时滇南盐、茶以及鸦片等商品的主要集散地。这里距昆有千里之遥，山高谷险，沿途土匪猖獗，行旅者只能跟着大队马帮（多配有枪支武装），走十多天才能抵达。山乡

虽然富庶，却因过于闭塞，当地仅有宝兴镇小学一所，连初中也没有，盐商灶户的子弟升学都很困难。因此，1941年秋，曾派人来昆明张贴启事，公开招聘教师去磨黑办学。（萧荻，2003：63）

在西南联大就读且身为地下党的进步学子应聘前往磨黑，起因于国民党发起的"皖南事变"。

1941年，"皖南事变"后，联大的地下党要求已经暴露的党员尽快疏散，吴显钺、董大晟两名地下党员，在昆明街头的电线杆上看到一张招聘教职人员的招贴，这就是地下党联络的暗号。他们撕下招贴按地点前去"应聘"，就这样他们到了千里之外的磨黑中学（陈柏松，2003：93）。由于磨黑中学是一所新办的学校，办学人员人地两生，缺乏经验，他们来到磨黑，一方面要完成党中央指示的任务，另一方面又必须克服重重困难，想方设法办好学校，力争在此地立足，建立一个能够长期发展的基地（潘明，2003：90）。

磨黑中学的创办者是当地的大地主张孟希，身为磨中董事长的张孟希是当地一霸，在旧军队当过营长，有点文化，自备有小型汽油发电机和收音机，家里有不少的枪支弹药，有马帮有家丁，还有一名管理这些武装家丁的队长（陈柏松，2003：95）。那么，张孟希到底是何等风云人物呢？据刘文典之次子刘平章先生（2011）回忆，张孟希虽然是个军人，但也懂得些古文，经常来找父亲（刘文典），两人在家里谈这些东西。至于张孟希的真实身份及其办学目的，应聘前往磨黑的萧荻在《关于刘叔雅先生磨黑之行》一文中有过详尽地阐述：

当时，磨黑是在大豪绅、灶家首户张孟希控制之下。他先后担任过普洱道尹的警卫队长、团防大队长、边防营营长、盐运使及普洱县参议和磨黑商会会长等职，在思普区有较高的社会地位。他手下还有一支有数百人枪的私人武装。因此，他能够在这个"天高皇帝远"的地方称王称霸，连思普一带的政府、驻军以及直属国民党中央的盐场公署，都得让惧三分。张孟希是个有野心，又比一般土豪有见识，较能接受新事物，很爱附庸风雅，自我标榜进步的人。磨黑要办学，他是当然的董事长；照他的想法，办学不用他拿钱，凭借他的势力，从到磨黑贩盐的马驮子上，每驮加收一笔学捐，维持学校开支，还有剩余。这样，不仅能够使当地灶户、商民子女可以上学，在社会上传名，还可为他自己培养人才，实现更大的政治野心。（萧荻，2003：63-64）

张孟希本人对北大、清华和南开三校南迁昆明，组成西南联大，知名教授云集，早有耳闻。因此，在吴子良返回昆明延聘教授的同时，便提出想礼聘一位名教授到磨黑小住，为他的亡母撰写墓志铭"以光耀门楣"，进一步提高他在滇南地区的威望（萧荻，2003：65）。于是，吴显钺等三名联大地下党的成员带着张孟希开出的优渥条件礼聘刘文典教授赴磨黑，而刘文典愿意接受邀请，多半是由于张孟希能保证他的生活供应（特别是"嗜好"的满足），且日后离开磨黑时还奉上10两上好的云土作为"润文"（萧荻，1988：296）。

实际上，刘文典在磨黑只住了半年（萧荻，1988：302）。住在磨黑中学期间，他对办学的事宜并不干涉，平时也足不出户，多半在宿舍内与"烟土"为伴，躺在榻上和张孟希及当地士绅论今说古（萧荻，2003：67）。

刘教授的磨黑之行、卖墨之举遭到了西南联大全校众口一词的非议。当时，清华大学中文系主任闻一多先生极力主张解聘刘文典（郭旺盛，2018：214）。几位同事都来说情，说叔雅先生自北平独自南下，千里走联大，与学校共患难，是极其爱国的著名教授；而闻一多却十分气愤地表明自己的观点：绝不能因为不做汉奸就可以擅离职守！他坚持认为身为教授应当承担自己的教学责任，所以力排众议解聘了刘文典（当时清华给教授每两年发一次聘书，期满不续聘，就是解聘了）（王力，1980：171-174）。回昆之后，刘文典未被联大校方续聘，这件事最终使他丢失了清华和联大的教席（黄延复，2003：45-46）。

联大校方之所以放弃了刘文典这位名教授，不仅是由于闻一多一人的极力反对，实际上也缘于叔雅先生的磨黑之行严重违反了清华《教师服务及待遇规程》（黄延复，2003：49）以及未按时回校销假（文传洋，2009）。而且刘文典在磨黑的所作所为，在旁人看来是做了大土豪张孟希的"幕僚"，而他却也"乐不思返"，在操守方面有失检点，所以素来"爱才如命"的清华大学校长梅贻琦先生，才在回复刘文典的信中写道："事非得已"，最终还是没能保住刘文典在联大的教席（黄延复，2003：50-52）。

三、磨黑之行是刘文典人格个性化的结果

（一）荣格的人格个性化理论

在荣格的分析心理学理论中，自性（self）是一种统合的、有组织和有秩序的原型，它是集体潜意识中的一个重要原型。它的主要功能是协调人格的各个组成部分，使之达到整合、统一，使人具有稳定感和同一感。如果一个人的自性没有充分发挥作用，那么他将感受到内心激烈的斗争与冲突，会感到自己的精神濒临崩溃（C. G. 荣格，1957/2014：24-30）。荣格（1967/2019：4）视自性为人格的核心，他认为自性保证了人格的聚合性和延续性。

荣格归纳了人格个性化的内涵。他认为，个性化决定了个体的形成与区分

过程；更确切地说，它是指个体心理的发展，把个体从普遍的集体心理中分化出来。所以，个性化是一个分化的过程，个体人格的发展是它的目标；个性化与有意识地超出原初同一状态的发展过程实际上是相同的，或可说它是意识领域的一种延伸，使意识的心理生命变得更加丰富（C. G. 荣格，1921/2009：380－381）。个性化了的自我能够在它对世界的各种知觉中获得很高的鉴别力，它能够领悟表象与表象的微妙关系，能够深入各种现象的意义中去（舒以，1997：62－63）。同样，人格面具、阿尼玛、阿尼姆斯、阴影和集体无意识等其他原型，以及个人无意识的各种情结，当它们逐渐个性化之后，也会以更加微妙、复杂的方式表现自己（卡尔文·S. 霍尔，沃农·J. 诺德拜，1987：83）。总而言之，个人借着个性化来不断了解和整合人格的所有构成成分，以成为真正的自己，亦即一个独立且与心灵整体不可分割的完整个人（沈德灿，2005：292）。

荣格认为，人格发展的最终目标即是自性的充分发挥与实现（舒以，1997：77）。人应通过"个性化进程"达到"自性"的实现（刘耀中，李以洪，2004：213）。个性化过程是一个心理发展过程，它始于自我而终于自性，它从无意识到意识，从个人到超个人，宏观宇宙都通过人类灵魂的微观宇宙得以体现。个性化的任务在于赎回自性以及发展精神的完整性（叶湘虹，2011：249）。个性化是一种自律的、固有的过程，这意味着它并不需要外部刺激方能存在；个体人格注定要个性化，这正像身体的健康成长需要一定的营养和锻炼一样，人格也需要一定的经验、一定的教育，才能健康地成长、健康地个性化（舒以，1997：63）。在荣格（1921/2009：380－381）看来，个性化的最终目的在于人格的发展与完善。另外，个性化的目标主要表现在为自性剥去人格面具的虚伪外表（舒以，1997：64）。个性化的最终意义在于使人能够"尽心知性"（C. G. 荣格，1967/2019：5）。

(二) 刘文典对庄子的认同

1. 刘文典的智慧老人——庄子

荣格用智慧老人来形容个人内在所具有的有关意义与智慧的原型意象,在荣格心目中,老子与庄子都是智慧老人的典型象征(申荷永,2004:71-73)。荣格根据自己的经历认为,人们遇到难题时所获得的灵感或顿悟,以及在梦中得到的启示,均源于智慧老人这一原型,它是人类祖先适应环境以及经验积淀的人格化表现形式(夏征农,陈至立,2015:70)。智慧老人具有非凡的洞察力、无限的知识和智慧;但这一原型亦有两面性,若过度膨胀,会使人闭目塞听,独断专行,刚愎自用(沈德灿,2005:282)。

在中华民族的精神结构中,道家思想构成了超越现实的层面,庄学以"道"为其哲学的最高概念,崇尚自然无为,反对礼乐制度,强调顺应自然,倡导素朴虚静。作为道家的重要组成部分,庄学自身构成了一个博大精深的思想体系,在中国文化的建构过程中发挥着无可替代的作用(庄周,战国/2005:316)。

东汉以来,随着道教的产生,道家思想应时而兴,人们对于道教的推崇也进入了一个新的发展阶段,道家学者广采博纳,扩充和完善了道教的理论体系,在此背景下,庄周及其《庄子》一书受到格外的重视,并被赋予了浓厚而神圣的道教色彩,南北朝时期的一些上层道士尊奉庄周为"南华仙人",《庄子》一书也被冠以《南华经》的新名(庄周,战国/2009:1)。庄周亦被唐玄宗追封为"南华真人"(熊湘,2014)。他以天道自然为本根,以体道为真知(厚德),以与道同游(逍遥游)为最终归宿,从庄子的生命脱胎于道开始,他便以直觉的认知模式来获得有关道的真知,通过逍遥游的方式与道同游,融于大通。"南华真人"作为一种信仰人格,其影响是不朽和永恒的,从古至今已被无数有崇高精神追求的人们所践行，浑然融合于中华民族的性格特征之中（颜榜，2017）。庄子作为传统文人心目中的智慧老人，已经深深植根于中国古人的骨髓，成为传统文人墨客集体潜意识中的重要原型之一。

庄子作为刘文典内心的智慧老人，它以不同的象征形式出现在刘文典的生命历程中，影响着刘文典的人格特质、行为方式。刘文典被称为"小庄子"（胡兴仕，2016：189－190）。他在新生开学典礼上说过："算起来，全世界真正懂得《庄子》的人，总共有两个半，一个就是庄子自己，中国的庄学研究者加上外国所有的汉学家，唔，或许可以算半个。"他并未说明另一个是谁，只是环顾全场，淡然一笑，不过大家心里都清楚，当然只能是他老先生自己了（李必雨，1999）。

刘文典是我国近现代著名的庄子研究专家，《庄子补正》是其一生的主要著作。叔雅先生从1923年开始动笔，到1938年最终完成，前后延续16年之久（马仁杰，黄伟，刘伟，2019：16）。1936年，长子刘成章的离世给刘文典带来了沉重的打击，于是叔雅先生决定将治学的领域彻底转向道家，正如他对胡适所言："弟素来认生命为发展而非延长，又好庄子与叔本华哲学，颇能排遣。"（刘文典，2008：209）在校勘《庄子》的过程中，刘文典深受庄子哲学的影响，将庄子作为自己的人格榜样。1943年，叔雅先生从昆明离去，远赴磨黑，以这种方式暂时退隐，十分契合刘文典内心的智慧老人——庄子的价值与行为理念。

刘文典通过对庄子哲学的深入研究，在心灵深处建构了与庄子这一智慧老人原型意象的积极沟通。他将自己置身于庄子的地位，选择性地将庄子的某些特质作为榜样进行效仿或内投，加以认同、模仿（刘文典自居于庄子可从他的生活、行事、一生的经历及他人的评价等方面得到解释）（夏征农，陈至立，2015：671）。基于此，刘文典在其智慧老人——庄子这一原型的统领下，将意识与潜意识融为一体，卸下了人格面具的虚伪外表，做出了磨黑之行、卖墨之举，最终实现了个性化，达成人格的整体性和独立性，使自己的精神生活更加丰富完美。

2. 磨黑之行是对庄子全生保身与逍遥理念的践行

庄子在其生死观中提出了"全生保身"的生存哲学，即以生命的本身为人生在世所追求的目标，生存的价值就是要维护一个完整的生命个体（秦伟，2010）。庄子反对漠视生命的行为，反对世人"以身殉利""以身殉名""以身殉家""以身殉天下"（庄周，2005：69）。因为这些行为伤了人的本性，违背了自然的"性命之情"。人的形体受禀于天，生命必须顺应自然的生死流转，所以庄子提出了全生保身的理念，主张"全生""保身""贵身"，自我保全亦是庄子生死观中生存的基础，也就是个体在世俗中需要尽力保全自己的生命，游身于世间，这是庄子超越的生死观在生存层面的体现（黄晓露，2018）。

庄子站在自然的、人性的角度，看到了统治者的虚伪性和束缚性，他主张人们在考虑生命问题的时候，要把思维的方向转向自身及自我的内心世界，不要将生命当作社会的附属物，不必苦苦寻求世俗的价值取向，要以"全生""自保"的避世思想作为生存方式和价值观念，保存生命本身、保持自己的独立人格、追求无拘无束的心灵（秦伟，2010）。庄子认为，"全生保身"的最高境界是逍遥无为，即追求精神的自由，这亦是生命的最好形式与目的，是人生极其理想的境界，是如同蝴蝶遨游于沧海，自得其乐，是超脱了自我生死、得失荣辱，亦是人在冲破了世间的种种障碍，与自然合而为一之后所达到的与天地精神独往来的纯粹逍遥与自由（庄周，2005：4）。

刘文典早年积极参加反清革命活动，并加入同盟会，追随孙中山先生投身民族民主革命，中年拒绝敌伪聘请，反对日本帝国主义发动侵华战争（张友铭，2016：1-3）。然而，自1916年回国后，面对军阀混战、百业凋零的残酷社会现实，彷徨与失望之情涌上心头，他遂决定远离政治运动，专心从事学术研究与教育事业（马仁杰，黄伟，刘伟，2019：7）。自五四运动之后，叔雅先生弃政从文，他不再是昔日那个奋不顾身、奔走于战场与革命事业中的热血青年。二次革命失败后，军阀四起、战火纷飞、兵荒马乱，刘文典以诗寄情——"太息而今时事异，不修政教但兴军"（刘文典，2008：247）。出于对现实的失望，叔雅先生下决心从政治活动中抽身离去，笃志从事学术研究（井晓晴，2003：145）。

1941年，刘文典一家的寓所被敌机炸毁，他只好避居乡村，每次进城上课，都需冒着战火徒步数里，一路风尘，含辛茹苦（章玉政，2011：248）。1943年，叔雅先生从昆明离去，远赴磨黑，此行正是对庄子"全生保身"与"逍遥"理念的践行。庄子提倡远离纷乱的政治生活来保全自身的性命，这是一种全身避害之道（黄晓露，2018）。叔雅先生对《庄子》的研究已达到出神入化的境界，他对《庄子·养生主》中"顺应自然，反对人为"的思想尤为推崇（傅来苏，2016：82-83）。庄子在《养生主》中提出："为善无近名，为恶无近刑，缘督以为经，可以保身，可以全生，可以养亲，可以尽年。"（庄周，2005：22）他主张保全个人的肉体生命，肯定生命的价值；因为庄子很清晰地认识到人的生命是很有限的，在有限的生命里，需要顺应事物自然的理路行事，尽可能地保全性命（黄晓露，2018）。身为联大教授，在国难当头之时，与许多奋勇有为、殉国忘身的激进革命者相比，刘文典教授却远赴磨黑，遁世幽居，避世离俗，或许是出于对战乱的烦忧，对现世的失望，他选择了携家人一起远离了满目疮痍、饿殍遍野的昆明，退隐磨黑山林，保全自身与家人，在青山绿水的苍茫大地间实现了内心深处向往已久的逍遥。

1943年，战火中的昆明，物价飞涨，叔雅先生鸦片烟瘾又极重，全家人的生活入不敷出（雷文彬，2016：72）。刘先生与家人面临如此窘境时，为了"全生""保身"，才做出了远赴磨黑之决定。关于这一点，当年礼聘刘文典教

授赴磨黑的联大学生萧荻做了如下陈述:

> 至于礼聘名教授则并不容易,于是想到有"二云居士"雅号(因他"阿芙蓉"癖甚深,又嗜云南火腿)的国学大师刘文典(叔雅)教授。当时通货膨胀,物价飞腾,教授生活已大不易,叔雅先生鸦片烟瘾又甚重,张孟希当时即以厚礼相聘,表示保证供应他的鸦片和全家三人生活费用,回昆时再致送"云土"五十两作为谢仪,当时他又正在休假(清华制度,教授每工作四年可休假一年),所以磨黑虽然山遥路远,但有滑竿代步,也欣然允诺了。(萧荻,2003:65-66)

对此,刘文典在写给梅贻琦校长的申辩信中如是说:

> 敬启者,典往岁浮海南奔,实抱有牺牲性命之决心,辛苦危险皆非所计。六七年来亦可谓备尝艰苦矣,自前年寓所被炸,避居乡村,每次入城,徒行数里,苦况非楮墨之所能详。两兄既先后病殁湘西,先母又弃养于故里,典近年在贫病交迫之中,无力以营丧葬。适滇南盐商有慕典文名者,愿以巨资请典为撰先人墓志……(刘文典,2008:215)

除了刘文典自述的"贫病交加"这一原因之外,"阿芙蓉"癖甚深亦是其中一个重要的缘由。叔雅先生对于"云土"的嗜好众所周知,上课的同时也必要吸着旱烟(石鹏飞,2016:105),且在新中国成立前,刘先生对"云土"的嗜好已经达到了毒瘾的程度,新中国成立后虽然他尽力戒去毒瘾,但却改抽香烟,讲课时也必要以"大重九"为伴(傅来苏,2003:99)。当时在战火中的联大任教的刘文典,捉襟见肘、毒瘾发作之时已无力支付昂贵的鸦片,面对张孟希允诺的丰厚薪金及"云土",于刘文典而言宛如雪中送炭,所以,刘先生自是欣然前往了。

　　纵观刘文典的生平经历，可以看出，他对庄子的认同或多或少是受到了其所处的社会环境的影响。庄子生活于战国中期，正是中国古代社会大发展大变革的时代，也是大动乱大战乱的时代，庄子作为一个没落贵族家庭出身的知识分子，身逢乱世，伤世忧生，只好选择遁隐一途；庄子对社会现实与政治的险恶有着深刻的认识，社会现实迫使他不得不采取避世的生活方式，恪守中道以求得全生保身（庄周，2005：1-2）。于刘文典而言，他也刚好经历了清末民初的社会大动荡，在联大任教期间，又身处于烽鼓不息的昆明，这些境遇也使得他对同样生活于动乱年代的庄子及其心境感同身受，从而形成了对庄子的认同，并对《庄子》哲学寄托了自我的精神理想。

　　道家以从尘世中退隐的方式，并通过培养从伦理世界中退隐的能力和品质，解决个体与实体的矛盾，维护伦理实体（樊浩，2007）。刘文典的磨黑之行，不是通过积极地履行道德义务，而是通过从现世功业中的暂时退出，通过在道德与自然、义务与现实关系中实现对自然和现世价值的否定，达到个体精神世界的平衡和稳定。刘文典此行，可看作乱世之中的自我保全，是一种契合自身价值理念特征的避世，符合"活庄子"特征之举。

3. 效仿庄子，博爱众生

　　刘文典有"活庄子"的美誉，他说我不懂庄子就没有人懂（傅来苏，2016：84-85）。刘叔雅对庄子的认同，不仅是通透其学识，更重要的是践行其精神（李元奇，2018：116）。庄子体恤弱者，博爱众生，认为天地对万物的养育是均等的，对劳动人民充满了同情之心（宋辉，宋晓璐，2012）。再者，庄子尚自然，爱自然，且钟爱人生，更倡导全生和重身保性，这是庄子内在暗涌着的博爱精神所表现出来的人生内容（陈水德，1999）。刘文典对自然，对众生，对亲朋好友，对弱者，对孩童，均以博爱精神予以深切的感染。

刘文典不忍将偷吃香油的老鼠打死，颇有好生之德（刘兴育，2003：72）。对于弱者，叔雅先生也极富同情与关怀之心，他让家里人给奄奄一息的叫花子送饭，并亲自找警察局局长请警方救助此人；此外，刘文典自述自己最喜欢小娃（刘文典，1999：776）。小孩子也很乐于跟他玩，他常给孩子们买糖吃，还和小孩子在草坪上滚着玩耍。一次，云大教师的小孩邀请刘文典观看他们的表演，刘文典还很认真地理发、洗澡、换了衣服，一丝不苟地装扮整洁前往（刘平章，张昌山，卫魏，2011）。

刘文典对自己的学生，是十分爱护和关照的，他不仅指导他们做学问，在生活方面包括他们的婚姻也非常关心。陶光是刘文典在清华时的得意门生，刘文典对陶光疼爱有加，且亲自为其做媒，并为陶光租好了婚后住的新房（刘平章，张昌山，卫魏，2011）。无论关系亲疏远近，当学生遇到危难之时，刘文典都会伸出援手。在安徽大学时，有一天国民党安徽省党部忽然通知他，说一个王姓学生系共产党，应密切监视，刘文典当天下午就找到了这位王姓学生，为其安全着想，当机立断动员他迅速离校，还派专人将其送上了大轮。当天夜里，便衣特务果然来安大逮捕王某，却一无所获，再向刘文典及其他人询问，都推说不知去向，王某就这样逃过一劫（刘平章，张昌山，卫魏，2011）。如前所述，前来邀请刘文典远赴磨黑的是西南联大地下党的三个进步学生，刘文典素来关爱学生，对于学生相求之事更是鼎力相助，况且此次磨黑之行又能满足自己和家人生理与安全的需要，故而欣然答应了三位学生的盛情邀请。

在家庭中，刘文典不是大师，不是教授。于妻子张秋华而言，他是一位好丈夫。刘文典与其妻张秋华夫人感情甚好，两人经常在一起谈论诗词，刘文典还赠诗给其夫人（刘平章，张昌山，卫魏，2011）。于次子刘平章先生而言，刘文典是一位好父亲。他与平章父子情深，在外人看来，他对平章的爱已是过度溺爱。刘平章从成都工学院回昆明，刘文典居然让其乘坐飞机，那时的机票相当于刘文典半个月的工资，他宁愿自己饥寒交迫，也不忍儿子旅途劳累，想尽办法让平章吃穿不愁，享受最好的条件（雷文彬，2016：78）。刘文典对爱的需求，不是索取爱而是给予爱。要给予他人爱，必要有资源。在当时只有离开炮火中的昆明远赴磨黑，才能与其家人转危为安，温饱不愁。基于对家人的守护与关爱，刘文典做出了远赴磨黑之举。

4. 尽力治学向庄子看齐

刘文典持才旷世，自尊心极强，但当时在人才济济的西南联大，极少会有人像张孟希那样，在平日的谈话中口口声声称刘教授为"国宝"（萧荻，1988：298）。大盐商张孟希与当地士绅的敬重，应该使刘文典因获得极大尊重而消减了自尊受损的疑虑。当年抗战中的云南，局势紧张，动荡不安，日本人已经打到了怒江，刘文典觉得磨黑偏僻遥远，心想日寇不太可能打到这种深山穷林，故可保全家人无虞（刘平章，张昌山，卫魏，2011）。家人的安全需要得到了保障，加之在每日衣食无忧的境况之下，又获刊印著作的巨万筹款，这对于一个以为"学术尽心""觉负有文化上重大责任"的学者和教授的刘文典来说，是正当的。

正如刘文典在写给梅校长的申辩信中表明自己磨黑之行的心迹：

> 典虽不学无术，平日自视甚高，觉负有文化上重大责任，无论如何吃苦，如何贴钱，均视为应尽之责，以此艰难困苦时，绝不退缩，绝不逃避，绝不灰心，除非学校不要典尽责，则另是一回事耳。今卖文所得，幸有微资，足敷数年之用，正拟以全副精神教课，并拟久住城中，以便随时指导学生，不知他人又将何说。典自身则仍是为学术尽力，不畏牺牲之旧宗旨也，自5月以来，典所闻传言甚多，均未深信。（刘文典，2008：216）

刘文典磨黑之行的另一个原因，是希望作一游记打破普洱"瘴乡"之名，使地方富源可以开发。正如刘文典在《致梅贻琦》信中所写：

> 又因普洱区素号瘴乡，无人肯往任事，请典躬往考察，作一游记，说明所谓瘴气者，绝非水土空气中有何毒质，不过疟蚊为祟，现代医学，尽可预防，"瘴乡"之名，倘能打破，则专门学者敢来，地方富源可以开发矣。典平日持论，亦谓唐宋文人对瘴缺夸张过甚（王阳明大贤，其瘴旅文一篇，对贵阳修文瘴扣帽子形容太过），实开发西南之在阻力，深愿辞而避之，故亦遂允其请。（刘文典，2008：215）

刘文典博闻强记，又关心世事。他希望通过此次磨黑之行，亲临普洱，声明"瘴乡"的事实真相。在刘文典即将返回昆明之际，有地质系的学者有意来普洱磨黑进行实地考察，这也说明刘文典此行确实为地方资源的开发做好了铺垫。

叔雅先生磨黑之行的原因，还包括希望在安全得保、衣食无忧的景况下，潜心学术，撰写《玄奘法师传》，望与东西洋学者一较高下，为祖国学术争光吐气。正如刘文典在信中自述：

> 到磨黑后，尚在预备《玄奘法师传》，妄想回校开班，与东西洋学者一较高下，为祖国学术争光吐气。（刘文典，2008：215–216）

在旁人眼中，刘文典几乎整天躺在烟榻上吞云吐雾（萧荻，1988：301）。然而，在夜深人静之时，刘文典却有着不为人知的艰苦奋斗的另一面——在微弱的烛光之下奋笔疾书，撰写《玄奘法师传》。据刘文典之次子刘平章先生回忆，父亲做学问很投入，他大多是晚上做学问，因为他觉得白天不太安宁，所以一般晚上九点钟后开始,做到天亮以后才睡觉(刘平章,张昌山,卫魏,2011)。刘文典身为一代仁人志士,心怀民族大义,其学术研究的目的在于"与东西洋学者一较高下"。在磨黑中学,刘文典与家人平安无事,丰衣足食,无需每日在日机的轰炸下提心吊胆地"跑警报",惶惶度日,同时又有"云土"可吸,故而可潜心学问,实现"与东西洋学者一较高下"的远大抱负。

5. 对智慧老人原型——庄子的认同带来过度的自我膨胀

刘文典自认最懂庄子,对庄子的认同,其深层次的心理认同是对"南华真人"("南华仙人")或集体潜意识中智者原型的认同,其内心的智慧老人在带给他超越俗世观点而有惊人之举的同时,也会使刘文典产生过度的自我膨胀,由此导致在现实社会中会有之前对于学界同仁的藐视,后又有无视法规而招致不续聘的争端。

刘文典的磨黑之行实际上是因为违反了校章(黄延复,2003:49-50)和未按时销假而导致其未被西南联大续聘(文传洋,2009)。清华大学校史研究专家黄延复先生在《刘文典逸事》一文中有过如下记载:

> 清华《教师服务及待遇规程》第14条规定:"本大学教师在聘约期内,若遇下列事故之一者,本大学得解除其聘约:……(丙)旷职或不称职者;(丁)不遵守校章者。"第31条规定:"本大学教授、副教授在本校任课之钟点不超过最低限度者,不得在外兼事。"第32条规定:"本大学教授、副教授在外兼课或兼事,须先得本校许可,其所兼课或兼事机关,应先函商本校。"第34条规定:"本大学教授、副教授在外兼课或兼事,其所兼之事,必须与所授之课性质相同。"另外,《规程》对教师在外兼课兼事所得报酬方面也有严格的规定,而刘先生此行所得报酬,大大

超过了规定。（黄延复，2003：49－50）

刘文典在西南联大为清华大学的教授，理应熟知校章，却做出违反校章的此举，或可说明其"不把校章放在眼里"。无独有偶，他亦不把云南大学校方提出的授课要求放在眼里。新中国成立后，云大为了加强教学领导，提高教学质量，曾对授课的先生们提出要求，建议他们写出教学计划及简明的教案；而叔雅先生授课时却只带教材，未有教案，当有学生问起，他自信不疑地对学生莞尔一笑，指着脑袋云："教案在脑中。"刘文典讲课虽无教案，却对自己讲授的课题，早已融之于心，化之于脑矣（傅来苏，2003：84）。他甚至在课堂上口出狂言："名教授备课是很可耻的事，教授之所以成为名教授，就在于不备课也能讲。"（殷光熹，2018：65）

刘文典晚年时，回首平生，曾说过："以己之长，轻人之短，学术上骄傲自大，是我最大的毛病。（张文勋，1999：939）"对于自身学术造诣的自信，是叔雅先生优越情结产生的根源，或许在刘文典的内心深处，一直以"名教授"自居，认为纵然自己此行因雨季而延误了行程未来得及按时回校销假，甚至有违反校章之处，联大校方也不至于会放弃自己这位"国宝"级教授。

在荣格的分析心理学理论中，智慧老人原型也代表着对人格的一种严重威胁，因为在其活跃起来时，个体会轻易地自认为拥有了无限的智慧，自以为远胜他人，表现得不可一世、目空一切（F. 弗尔达姆，1988：60）。刘文典对于内心智慧老人原型——庄子（南华真人）的认同，致使其自命不凡、妄自尊大，甚至"不把校章放在眼里"，以"名教授自居"，盲目自信联大校方不会放弃自己这位名教授。

四、结语

自性即人格的完整性，它把各种人格特质统一起来聚集到它的周围，使他们处于一种和谐的状态。当一个人感受到他和自我，以及整个世界都处在一种和谐的状态之中时，就可以肯定，他的自性原型在有效地行使其职能（叶湘虹，2011：245）。荣格指出，"自性"最终与普遍的存在相连接，人可以通过"个性化"达到大彻大悟，从而成为真正的自己，达到"自性"的实现（申荷永，2004：79）。根据荣格的个性化理论，本研究认为，刘文典磨黑之行的心理实质是人格个性化的结果。

荣格（1921/2009：387）认为，人格面具（persona）是一个人生来就具有的一种倾向性，希望在公众场合中展现自己，扮演好某种社会角色，其目的在于给别人留下一个好的印象，得到社会的承认和称赞。刘文典远赴磨黑的所作所为，虽传遍全校上下，非议之声不绝于耳，但他认为诸多非议皆是离奇之语，尚不信，自问并无大过（刘文典，2008：216）。刘文典磨黑之行从他者角度来看是失节，但从他自身来说却是其对于自性的持守与庄子风骨的体现，是本心的回归，更是个性化的结果。刘文典卸下了自己的人格面具，以退隐的方式远离尘世的喧嚣，顺从了自己的本性，重视自己内心真正的情感与需要，做了最真实的刘文典。

磨黑一行，最终使刘文典丢失了在清华的教职。然而，刘文典对于邀请他前往磨黑的三位联大学子却并无半分怨怪。据与刘文典同行的学生萧荻回忆，新中国成立后，他曾一度在挤公交车时与刘先生相遇，还承蒙刘先生的邀请到家中小坐（萧荻，2003：68）。这足可见刘文典宽广的心胸及其对学生真挚的关怀。"塞翁失马，焉知非福？"离开联大之后，晚年的刘文典在云大获得了"唯一的一级教授"的荣誉，甚至享受着高于校长级别的待遇，被奉为"至宝"，迎来了他学术生命中最为璀璨的时刻（蔺若连，2016：117-120）。

纵观叔雅先生的磨黑之行，刘文典始终持守着对自己内心智慧老人原型——庄子（南华真人）的认同，践行了庄子"全生保身"与"逍遥"的哲学理念。他效仿庄子，博爱众生；并担负起文化上的重大责任，治学问以使自己的智慧向庄子看齐，与东西洋学者一较高下。同时，对集体潜意识中智者原型——庄子（南华真人）的认同，也使刘文典形成了优越情结，他"不把校章放在眼里"，以"名教授自居"，产生了过度的自我膨胀。概言之，经历了磨黑一行，刘文典的人格最终实现了个性化。

参考文献

陈柏松（2003）. 回忆磨黑中学. 见云南西南联大校友会编. 西南联大精神永垂云南：国立西南大学昆明建校 65 周年纪念文集. 昆明：云南教育出版社.

陈红映（2016）. 我所认识的刘文典先生. 见雷文彬主编. 忆叔雅先生：记刘文典先生执教云大十五载往事. 昆明：云南大学出版社.

陈水德（1999）. 博爱——庄子思想之内质. 安徽大学学报，1999（3），67–73.

F. 弗尔达姆（1988）. 荣格心理学导论（刘韵涵译）. 沈阳：辽宁人民出版社.（英文版 1979 年）.

樊浩（2007）. 道家伦理的精神哲学意义. 江苏行政学院学报，2007（2），5–11.

傅来苏（2003）. 刘文典先生教学琐忆. 见刘平章主编. 刘文典传闻轶事. 昆明：云南美术出版社.

傅来苏（2003）. 茶趣与烟趣. 见刘平章主编. 刘文典传闻轶事. 昆明：云南美术出版社.

傅来苏（2016）. 忆吾师刘文典先生. 见雷文彬主编. 忆叔雅先生：记刘文典先生执教云大十五载往事. 昆明：云南大学出版社.

郭旺盛（2018）. 恃才的狂狷与晚年的归依——刘文典的大学教书生活. 见张昌山主编. 叔雅先生：国学大师刘文典诞辰 125 周年纪念文集. 昆明：云南人民出版社.

卡尔文·S. 霍尔，沃农·J. 诺德拜（1987）. 荣格心理学纲要（张月译）. 郑州：黄河文艺出版社.（英文版 1972 年）

黄晓露（2018）.《庄子》生死观研究. 硕士学位论文，武汉大学哲学系，武汉.

胡兴仕（2016）. 大师趣闻. 见雷文彬主编. 忆叔雅先生：记刘文典先生执教云大十五载往事. 昆明：云南大学出版社.

黄延复（2003）. 刘文典逸事. 见刘平章主编. 刘文典传闻轶事. 昆明：云南美术出版社.

井晓晴（2003）. 乡情师恩：刘文典和陈独秀. 见刘平章主编. 刘文典传闻轶事. 昆明：云南美术出版社.

李必雨（1999）．悔（"往事钩沉"之一）．边疆文学，1999（3），39-41．

刘平章，张昌山，卫魏（2011）．我的父亲刘文典．云南大学学报：社会科学版，10（5），67-78．

李瑞，傅来苏（2003）．刘文典先生轶闻．见刘平章主编．刘文典传闻轶事．昆明：云南美术出版社．

蔺若连（2016）．我记忆中的刘文典先生的几则传闻与逸事．见雷文彬主编．忆叔雅先生：记刘文典先生执教云大十五载往事．昆明：云南大学出版社．

雷文彬（2016）．刘文典的云大情缘——听刘平章先生讲述刘文典在云大生活的故事．见雷文彬主编．忆叔雅先生：记刘文典先生执教云大十五载往事．昆明：云南大学出版社．

刘文典（2008）．过奈良吊晁衡．见诸伟奇，刘兴育主编．刘文典诗文存稿．合肥：黄山书社．

刘文典（2008）．致胡适四十三封．见诸伟奇，刘兴育主编．刘文典诗文存稿．合肥：黄山书社．

刘文典（2008）．致梅贻琦．见诸伟奇，刘兴育主编．刘文典诗文存稿．合肥：黄山书社．

刘文典（1999）．在云南省政协第一届第二次全体会议上的发言．见刘文典著．刘文典全集（第三册）．合肥：安徽大学出版社／昆明：云南大学出版社．

林文勋（2016）．序言．见雷文彬主编．忆叔雅先生：记刘文典先生执教云大十五载往事．昆明：云南大学出版社．

刘兴育（2003）．老鼠与油灯——李埏先生向刘文典的两次借书．见刘平章主编．刘文典传闻轶事．昆明：云南美术出版社．

李元奇（2018）．刘文典的治学精神．见张昌山主编．叔雅先生：国学大师刘文典诞辰125周年纪念文集．昆明：云南人民出版社．

刘耀中，李以洪（2004）．荣格心理学与佛教．北京：东方出版社．

李作新（2016）．披文入理金光漫绮霞——刘文典倡导"古为今用，洋为中用"．见雷文彬主编．忆叔雅先生：记刘文典先生执教云大十五载往事．昆明：云南大学出版社．

马仁杰，黄伟，刘伟（2019）．刘文典研究．合肥：安徽大学出版社．

潘明（2003）．西南联大与磨黑中学．见云南西南联大校友会编．西南联大精神永垂云南：国立西南大学昆明建校 65 周年纪念文集．昆明：云南教育出版社．

秦伟（2010）．逍遥于生死之间——庄子的死亡伦理及现代价值研究．硕士学位论文，黑龙江大学哲学系，哈尔滨．

C. G. 荣格（2009）．心理类型（吴康译）．上海：上海三联书店．（英文版 1921 年）．

C. G. 荣格（2014）．自我与自性（赵翔译）．北京：世界图书出版公司．（英文版 1957 年）．

C. G. 荣格（2019）．伊雍：自性现象学研究（杨韶刚译）．南京：译林出版公司．（英文版 1967 年）．

任继愈（2017）．抗日战争时期的北京大学．见任继愈著．自由与包容：西南联大人和事．南昌：南昌教育出版社．

沈德灿（2005）．精神分析心理学．杭州：浙江教育出版社．

宋辉，宋晓璐（2012）．试论《庄子》的人民性．西安石油大学学报（社会科学版），21（6），67–71．

申荷永（2004）．荣格与分析心理学．广州：广东高等教育出版社．

石鹏飞（2016）．刘文典的怪与狂．见雷文彬主编．忆叔雅先生：记刘文典先生执教云大十五载往事．昆明：云南大学出版社．

舒以（1997）．心理学经典（下）．北京：中国人事出版社．

文传洋（2009）．关于刘文典先生移教云南大学的几个问题．云南民族大学学报（哲学社会科学版），26（2），96–101．

吴进仁，张昌山，张志军（2018）．叔雅先生．见张昌山主编．叔雅先生：国学大师刘文典诞辰 125 周年纪念文集．昆明：云南人民出版社．

王力（1980）．我所知道闻一多先生的几件事．见王子光，王康主编．闻一多纪念文集．北京：生活·读书·新知三联书店．

萧荻（1988）．吴显钺同志逝世十周年祭．见云南省政协文史资料研究委员会编．云南文史资料选辑：第三十四辑．昆明：云南人民出版社．

萧荻（2003）．关于刘叔雅先生磨黑之行．见刘平章主编．刘文典传闻轶事．昆明：云南美术出版社.

熊湘（2014）．庄子名"南华"考论．浙江树人大学学报（人文社会科学版），2014，14（1），83-87.

夏征农，陈至立（2015）．大辞海．心理学卷．上海：上海辞书出版社.

颜榜（2017）．庄子"真人"思想研究．硕士学位论文，山东师范大学哲学系，济南.

殷光熹（2018）．刘文典先生的人格魅力和文化贡献——兼评"狂人""狂语"．见张昌山主编．叔雅先生：国学大师刘文典诞辰125周年纪念文集．昆明：云南人民出版社.

叶湘虹（2011）．荣格道德整合思想研究．长沙：湖南教育出版社.

诸伟奇（2003）．刘文典传略．见刘平章主编．刘文典传闻轶事．昆明：云南美术出版社.

诸伟奇（2018）．刘文典先生学术成就述略．见张昌山主编．叔雅先生：国学大师刘文典诞辰125周年纪念文集．昆明：云南人民出版社.

张文勋（1999）．刘文典传略．见刘文典著．刘文典全集（第四册）．合肥：安徽大学出版社/昆明：云南大学出版社.

张友铭（2016）．刘文典传．见雷文彬主编．忆叔雅先生：记刘文典先生执教云大十五载往事．昆明：云南大学出版社.

章玉政（2008）．狂人刘文典：远去的国学大师及其时代．桂林：广西师范大学出版社.

章玉政（2011）．刘文典年谱．合肥：安徽大学出版社.

庄周（战国/2005）．庄子（胡仲平译注）．北京：北京燕山出版社.

庄周（战国/2009）．南华经（邹贤译注）．北京：金盾出版社.

张中行（2003）．刘叔雅．见刘平章主编．刘文典传闻轶事．昆明：云南美术出版社.

Freud, S. (1959). *Leonardo da Vinci and a Memory of His Childhood*. London: Routledge and Kegan Paul.

Schultz, W. T. (2005). *Handbook of Psychobiography*. New York: Oxford University Press.

A Study on the Psychobiography of Liu Wendian, a Master of Sinology Who Went to Mohei

Zhao Ming-ru[1] Yin Ke-li[2]

([1] Department of Education, Yunnan Normal University, Kunming, 650500)

([2] School of Education, Soochow University, Suzhou, 215123)

∕ Abstract ∕

Liu Wendian is a master of Sinology in Modern Chinese history and an experton proofreading and studying Zhuangzi. He is knowledgeable, proud, arrogant and unruly, and has the pride of traditional scholar-officials. However, during his teaching in Southwest Associated University, Liu Wendian made a trip to Mohei to sell article, which was seen by everyone as "lost in integrity", the contradiction among them is really puzzling. Taking this as a starting point, this study interprets Liu Wendian's Mohei trip from the path of psychobiography. Liu Wendian's trip is the result of his personal individuation with his inner prototype of the wise old man, Zhuangzi (a real man in Nanhua). He imitated Zhuangzi, preserved the whole body, loved all living beings, and tried his best to study academics, at the same time, he developed excessive self-inflation. After mading a trip to Mohei, Liu Wendian finally achieved the realization of "self" through the process of individuation. He obeyed his own heart and did the most realistic Liu Wendian.

∕ Keywords ∕

Liu Wendian, Personality, Self-individuation, Psychobiography

王阳明龙场悟道的心理传记学研究

江志豪　葛明贵[*]

（安徽师范大学教育科学学院，芜湖，241000）

/ 摘　要 /

文章采用心理传记学的研究取向，以束景南编撰出版的《王阳明年谱长编》为依据，结合诸多史实资料，对明代大儒王阳明龙场悟道之前的人生进行心理分析，解释王阳明前半生思想转变以及龙场悟道的心路历程，从而揭示王阳明龙场悟道的深层次心理原因。研究发现，王阳明的重要他人、童年经历、圣人情结、死亡焦虑是其前半生思想转变以及龙场悟道的深层次心理原因。

/ 关键词 /

王阳明，龙场悟道，圣人情结，死亡焦虑，心理传记

---

[*] 通讯作者：葛明贵，教授，博士生导师，E-Mail：gMg1964@Mail.ahnu.edu.cn。

一、引言

王阳明（1472—1529年），汉族，名守仁，字伯安，自号阳明子，世称阳明先生，浙江绍兴府余姚县人，明代著名思想家、教育家、军事家，主张"心即理""知行合一""致良知"等思想。其学说被后人统称为"阳明学"，是宋明理学中与"程朱理学"相对立而存在的一支思想流派，影响极为深远。

王阳明一生的思想，与其仕途一样几经曲折和变化。王阳明至交湛若水在为其写的墓志铭中提到：……初溺于任侠之习，再溺于骑射之习，三溺于辞章之习，四溺于神仙之习，五溺于佛氏之习。正德丙寅，始归正于圣贤之学。（《王阳明全集》，1992：1222）

史学家、思想家黄宗羲也曾论述王阳明学术思想的变化：

先生之学，始泛滥于辞章，继而遍读考亭之书，循序格物。顾物理吾心终判为二，无所得入，于是出入于佛老者久之。及至居夷处困，动心忍性，因念圣人处此更有何道，忽悟格物致知之旨，圣人之道，吾性自足，不假外求。其学凡三变而始得其门。（《黄宗羲全集》第七册，2012：200）

实际上，就王阳明的思想转变这一现象而言，湛若水和黄宗羲等人的论述都有所偏颇。如陈来（陈来，2013：296）解释的那般，一方面，湛若水总结的"五溺"作为王阳明的嗜好并非有先后顺序，而常同时发生；另一方面，湛若水等人忽略了王阳明"为宋儒格物之学"的事实。这一事实对理解王阳明思想变化具有重要的意义，笔者将在后文论述。王阳明龙场悟道一事虽向来被人们所乐道，但"大悟"的实际内容却记载不多，较为具体的是王阳明弟子钱德洪所述，即王阳明在那天欣喜若狂之余，大呼："圣人之道，吾性自足，向之求理于事物者，误也。"而王阳明在其后期为《朱子晚年定论》所写的序中，较为详尽地总结了自己前半生的思想变化，如瑞士汉学家耿宁由其序所推断的（耿宁，2014：121），王阳明可能只是在龙场悟道后，通过对儒家正典长达一年的确证才得到较清晰的对"格物"的哲学诠释，即所谓的"知行合一"。尽管王阳明在"悟道"时可能并不完全明确"知行合一"的内涵，但无论是耿宁或是束景南都承认（束景南，2017：536），王阳明所悟内容与其一年后明确提出的"知行合一"思想有相当大的关系。因此，可以认为，王阳明"龙场悟道"的内容实际大多是针对朱子学说而阐发，一方面反对朱子向外格物之说，强调向内格物，其中"吾性自足"是论本体，不该"求理于事物"是论工夫。"理"在王阳明看来是道德法则，道德法则不再超乎自性，而是蕴含其中，圣人之道也就不再超乎个体存在（陈来，2013：127）。另一方面，反对朱子先知后行之说，强调"知行合一"。"知"是一个标志主观性的范畴，"行"则是主观见于客观、标志人的外在行为的范畴，所谓"知行合一"强调二者互相包含、不能割裂（陈来，2013：67）。

尽管王阳明龙场悟道及其后形成的独特思想直到今天依旧是学术讨论的热点，与之呼应的现象是关于王阳明的生平及其思想的众多研究。其中，由吴光、钱明、董平等众多学者编校出版的《王阳明全集》是研究王阳明的核心资料，而束景南于近年编撰出版了《王阳明年谱长编》，该书对王阳明的生平事无巨细地进行了严谨考证，引用文献资料翔实丰富，对王阳明生平的不少错案、悬案、迷案进行了合理可信的解释，是目前关于王阳明生活史研究的集大成者。从心理学的角度出发，针对王阳明为何在学术思想上多次转变自己的方向，特别是其为何能够龙场悟道的悬疑性问题进行阐释的文献较少，其中杜维明的著作（1968）考察了王阳明生活史及其背后心理学意义，可以视作华人学者中最早的心理传记著作，但随后的研究零散地见诸哲学、社会学等领域，就王阳明学术思想为何变化、为何能够龙场悟道等问题仍有待进一步梳理和讨论。

心理传记学是系统地采用心理学的理论和方法对个别人物的生命故事进行研究的一门学科（郑剑虹，2014）。其在社会历史背景下运用心理学的理论，将个体生命转换成一个连贯且有启发性的故事（舒跃育，2018），目的是对人的理解，是心理学的"压制性"回返，它把人放回到他应该在的地方，在人格的前沿和中心，那个可想象的活生生的目标（Schultz, 2011：2）。心理传记学在百余年的发展中经历了三个阶段：案例研究阶段、理论探索阶段和学科发展阶段，目前美国、中国、南非的相关研究水平较高。其中，我国在心理传记学制度化建设上处于世界前沿并发展出颇具特色的研究模式，如大陆的质量结合的模式、台湾互为主体的模式（郑剑虹，黄希庭，2013）。在心理传记学传主选择的问题上，国内外研究大多以非凡人物为传主，其遍布政治、文艺、宗教、心理学等领域，既有逝世的历史人物，也有在世或在任的杰出人物（郑剑虹，黄希庭，2013）。而研究者对历史人物进行心理传记学研究时，往往存在重构传主不存在的历史、童年经验决定论、证据单一等问题（郑剑虹，2014），因此，研究者应重视所选择史料的可靠性和多样性等。马皑等人（马皑，业臻，2019）强调在对传主进行心理传记学研究之前，要借鉴中国传统处理史料方法，即史源学与长编考异法，对传主的史料进行广泛收集、去伪存真。而《王阳明年谱长编》本身就是一部非常优秀的相关著作，这使得关于王阳明生命史的研究具有较高的可信度。鉴于此，当分析王阳明这样一位具有丰厚人生经历的人物心理时，没有什么类型的研究会像心理传记学研究这般富有弹性和生命力，正如心理学家 Kate Isaacson（Schultz, 2011：135）提出的那样："心理传记模型的优点之一是具有灵活性，可以包容各式各样的人格—社会心理学的理论和分析取向……人们可以运用不同的理论解释任何一个个体生命的不同维度。"当审视王阳明的人生时，笔者发现王阳明的生命涉及诸如焦虑、死亡、孤独等存在主义心理学的经典问题。当笔者梳理王阳明的思想时，会有一种"存在主义"式的亲近感，陈来亦指出："心学在许多方面接近于存在主义的想法……"（陈来，2013：15）因此，本研究主要以存在主义心理学的相关理论观点来阐释王阳明的生命故事。存在主义心理学以存在主义和现象学为哲学基础，以人的存在为核心，其代表人物罗洛·梅、欧文·D. 亚隆等人对死亡、焦虑、自由等问题都进行了鞭辟入里的分析，但严格地讲，存在主义心理学并不能称为"流派"，而只能称为心理学中的一种倾向或运动，因为它并没有一个统一的理论（叶浩生，1991）。总的来说，它既是对其他心理学观点的补充，也是一种整合（科克·J. 施耐德，2010）。因此，本研究在运用存在主义心理学的观点时，仍会补充其他心理学观点，力求对王阳明生命的不同维度进行合理阐释。

二、重要他人与童年经历

王阳明出生于一个书香门第，祖上多显赫的人物。至王阳明祖父一代，其家族虽然因世代隐居和突发变故而导致经济条件变差，但文化氛围依然浓厚。王阳明祖父王伦一生没有入仕，擅长弹琴吟咏，与人和睦，靠做子弟师讲学授业来补贴家用，因其品行端正，在余姚当地颇具声望。王阳明父亲王华自幼聪慧，勤学苦读，学成即出任子弟师，直至成化十七年考取进士。王阳明的母亲郑氏渊靖孝慈，勤劳恭俭。重要他人即对个体自我发展有重要影响的个体和群体。而研究表明，个体的诸多心理特征都受到重要他人的影响（朱苇苇，王峰，黄志斌，2019）。抚育王阳明的祖父、父亲、母亲作为其重要他人，对王阳明成长的积极影响是不言而喻的，而王阳明在这样完整的家庭出生并成长，有利于其健康人格的养成（陈友庆，陶君，2016）。其中，王阳明豁达性格的形成极大可能受到其祖父隐居不羁的影响。

值得注意的是，王阳明的出生被描述为天神所授，这一"神人授受"之说带有强烈的神话色彩，据束景南先生的考证，此说系杜撰，源于王阳明之父王华，成于王阳明学生钱德洪（束景南，2017：7）。心理学家罗洛·梅（Rollo May）认为：通过神话，一个健康的社会可以使其成员脱离神经质的负罪感和过度焦虑（罗洛·梅，2012：2）。

王家祖上虽多有才俊，后代生活却非常清贫。虽然王伦寄情山水，但家族其他成员，甚至王伦本人在内心对于世俗的成功无疑仍是渴望的，这从王伦给他的几个儿子所取的名字便可见一斑，其长子王荣、次子王华、幼子王衮。长子和次子的名组在一起便是"荣华"二字。王华身上寄托着家族荣华的希望，这种希望在一定程度上形成了压力，督促着他发奋读书。然而，王华的学识虽获得远近的称赞，但直至王阳明出生之时，家庭的经济条件依旧没有起色，其本人也尚未获得乡试的成功，理想和现实的巨大差距、家庭的压力使其产生了过度焦虑的情绪。因此，我们可以推测，王华通过神话其子的诞生，一定程度上是在缓解自身的焦虑。

王阳明出生不久，王华便为了生计外出任子弟师，而王阳明则由母亲郑氏抚养。其后几年的时间里，王华一直忙于在外地教书以及准备乡试。王阳明母亲的贤德无疑可以使其和幼年的王阳明之间建立较健康的依恋关系，这让王阳明可以确立生命最初的安全感，为王阳明日后健康的生命探索奠定了基调（王树青，张广珍，陈会昌，2014）。王阳明六岁的那一年，王华在数次乡试下第后回到家中，开始亲自传授王阳明功课，并在第二年携带王阳明外出教书，王阳明可以随身受教受学。王华并没有因为忙于生计而忽视对王阳明的教育，这对于王阳明的发展有正向的促进作用。同时，王阳明自幼聪慧过人，对于祖父所读之书过目成咏。良好的家庭文化氛围、家人的悉心照顾和教育、自身天资过人等因素无疑为王阳明深厚的学术涵养的形成打下坚实基础。王阳明八岁时，王华又携带他前往海盐县教书。王阳明在海盐县资圣寺断断续续住了一年时间，期间于寺中作诗两首：

东风日日杏花开，春雪多情故换胎。素质翻疑同苦李，淡妆新解学寒梅。心成铁石还谁赋？冻合青枝亦任猜。迷却晚来沽酒处，午桥真讶灞桥回。

落日平堤海气黄，短亭衰柳舣孤航。鱼虾入市乘潮晚，鼓角收城返棹忙。人世道缘逢郡博，客途归梦借僧房。一年几度频留此，他日重来是故乡。（束景南，2017：24）

由上诗中，一方面可见幼年王阳明的聪慧灵动，另一方面，其诗中"一年几度频留此，他日重来是故乡"一句证明王阳明在寺庙中度过了相当愉快的时光。童年期的王阳明经由在寺庙的这一愉快经历，对神仙、老释之说产生了相当的好感，其在自述中也称：……仆诚生八岁而即好其说，今已余三十年矣（《王阳明全集》，1992：805）。

陈寅恪先生认为："盖自汉代学校制度废弛，博士传授之风气止息以后，学术中心移于家族，而家族复限于地域……"（陈寅恪，1955：298）考虑到王家推崇的祖上名流，如王羲之，其人与佛、道皆十分亲近（释道世，2003：1463），可以认为王阳明家学固然以儒学为主，但对老、释之说仍是包容的态度。王阳明所出生的余姚地区，道教、佛教活动由来已久（《余杭县志》，1990：804-806），而浙东学派本就以融合佛、道、儒三教思想而闻名（何炳松，2012：4），王阳明在这样的家族、地域和人文环境中成长起来，又兼有生活在寺庙的愉快的童年经历，其思想的形成自然也会受到老、释的深刻影响。

王阳明九岁回到余姚，并接受祖父王伦的家教。同年，王华再赴浙江乡试，中第二名。次年，王华赴京师参加会试，得廷试第一甲第一人（状元），授予翰林院修撰一职。这一年，王华不仅实现了自己的理想，也实现了家族的愿望，更使其家庭摆脱了清贫的窘境。王华及第也深刻改变了王阳明的人生轨迹，使其不再需要像他的父亲那般为了生计而四处奔走，也不再会为了考取功名而背负过多家庭的压力。心理学家马斯洛（Maslow）认为，当人满足了基本的生理需要和安全需要后，便开始追求更高层次的需要（马斯洛，2007：16－34）。家庭经济条件的改善和社会地位的提高无疑使王阳明可以更加从容的专注自身发展和人际发展。

成化十八年（1482年），也就是王阳明十一岁那年，王华将王伦和王阳明一起迎至京师居住。来京途中，舟过金山寺，王阳明咏诗两首：

金山一点大如拳，打破维扬水底天。醉倚妙高台上月，玉箫吹彻洞龙眠。

山近月远觉月小，便道此山大于月。若人有眼大如天，还见山小月更阔。（《王阳明全集》，1992：1406）

这两首诗不仅再次展现王阳明的才思敏捷，更重要的是诗中增添了几分禅理的色彩，可见王阳明自八岁对佛学产生兴趣后，就已然开始学习佛学，并对禅理有所感悟。王阳明与其祖父到了京城，住在长安西街，此街非常繁华，多京官居所，亦不乏三教九流之徒，且有各类道观、佛庙分布附近，王阳明时常出入这些地方，受其熏习。少年王阳明聪明顽皮、豪迈不羁，由余姚初到繁华的京城，眼界大开，难免有些心猿意马，开始喜好骑马射箭、下棋斗鸡之类的娱乐活动，而这些爱好明显影响了王阳明正常的读书学习，其父对此甚为不满。据记载，王华在一次争吵后直接将王阳明玩乐所用的象棋扔掉，并于次年为王阳明请了私塾老师，读书授经。众所周知，儿童的行为易受环境和同伴影响，而少年王阳明在京城结识了一批玩伴，经常从游。但其父及时采取措施，对其严加管束，使其未荒废学业。此后，王阳明认识了一批邻里的儒士，如林俊兄弟、陈献章等。其中，林俊与陈献章每天在大兴寺讲学，王阳明则时常受其熏习，这对于王阳明的思想成长起了促进作用。陈献章是明代心学的奠基者，对于王阳明后来发展出自己的心学理论有一定影响。

十二岁的王阳明在父亲的严加管束下没有玩物丧志，而是开始像当时大部分中国精英家庭的孩子一样接受塾师的教育。一日，王阳明在长安街遇见一个相士，相士异于王阳明面相，并称其"须拂领，其时入圣境。须至上丹台，其时结圣胎。须至下丹田，其时圣果圆"（束景南，2017：43）。王阳明听到这番话，非常开心，自此回家更加刻苦读书。"皮格马利翁"效应认为，积极的外部条件有利于个人潜能的激发（罗森塔尔，雅各布森，2003：1）。相士的一番话激励了少年王阳明，使其对于"做圣人"有了初步的预想。同时，王阳明对于相士所代表的道教群体的态度也越发亲近。

王阳明前半生的重要他人除了至亲之外，还有一些师友。弘治二年（1489年），王阳明十八岁，已经娶亲的王阳明偕夫人回余姚。期间，舟过广信，王阳明拜谒了娄谅。娄谅是明代大儒，少时亦有志于圣学，与陈献章同为吴与弼的学生，娄谅穷理重在用心，其学主"居敬"。黄宗羲认为娄谅与王阳明的这次会面意义深远，"文成年十七，亲迎过信，从先生问学，深相契也，则姚江之学，先生为发端"（《黄宗羲全集》第七册，2012：37）。王阳明在这次会面中，重点向娄谅请教了宋儒格物之学，娄谅在谈话间教导王阳明："圣人必可学而至。"这对王阳明的精神鼓舞是极大的。弘治三年（1490年），颇有声望的儒士吴伯通来任浙江提学副使，王阳明拜为门下士，二者来往密切，亦师亦友。吴伯通的教导也促使王阳明的成长。王阳明十八岁左右，除了父亲王华的悉心教导之外，娄谅、吴伯通的指点都有助于他形成自我同一性，但此时的王阳明并未能真正建立一种新的自我同一性，仅仅相信"圣人必可学而至"并未能让他形成具有决定性意义的生命方式。即便如此，王阳明进入了心理社会的合法延缓期，通过科举考试、驰骋辞章、出入佛老等一系列探索不断地寻求确立自我同一性。

弘治十七年（1504年）起，王阳明与儒士都穆讲论学问，自书程颢、李侗性理要语为座右铭，以"默坐澄心，体认天理"为自己"圣贤之学"的要义。不久后，罗侨、张诩编刻白沙先生全集成，王阳明认真阅读稽考并高度评价陈白沙（即陈献章）。同一时期，王阳明与陈白沙的弟子湛若水相识，两人一见如故。正德元年（1506年），王阳明三十五岁，湛若水与王阳明两人共倡圣学，朝夕讲论学问。王阳明自述：

> 某幼不问学，陷溺于邪僻者二十年，而始究心于老、释。赖天之灵，因有所觉，始乃沿周、程之说求之，而若有得焉。顾一二同志之外，莫予翼也，岌岌乎仆而后兴。晚得友于甘泉湛子，而后吾之志益坚，毅然若不可遏，则予之资于甘泉多矣。（《王阳明全集》，1992：144）

可以看出，湛若水对王阳明思想的转变起到了极大的促进作用。不仅主观上，湛若水给予了王阳明坚定的精神支持，而且客观上，王阳明的学术思想也受到湛若水的影响，如湛若水提出"随处体认天理"的观点对王阳明就有所启发（汪学群，2016）。心理学家弗洛姆（Erich Fromm）指出："人积极地与他人发生联系，以及人自发的活动……把作为自由独立的个体的人重新与世界联系起来。"（弗洛姆，2015：23）王阳明在机缘巧合下与陈献章、娄谅、湛若水等诸多"心学"儒士相交，这些师友与王阳明一起形成了独特的心性之学的内群体，使得王阳明对心性之学有了进一步的亲近，对王阳明远离佛、老之说亦有帮助，而且在与师友的讲学论道中，王阳明不仅潜在地形成了自己心学思想的基础，还通过与人频繁交往，促进了自身的个体化发展（杨晓莉，刘力，李琼，等，2012）。

三、圣人情结的涌现

在十二岁，相士评论自己有"圣人之相"后的一天，王阳明问塾师："何为第一等事?"塾师曰:"惟读书登第耳。"王阳明疑曰:"登第恐未为第一等事,或读书学圣贤耳。"(《王阳明全集》,1992:1221)少年王阳明以此事为标志,立下了做圣人的志向,并对圣人之道展开了数十年的曲折探索。心理学家埃里克森(Erik H. Erikson)将人的一生划分为八个不同阶段,将勤奋感对自卑感视为六岁到十二岁这一阶段儿童的发展危机(埃里克森,2018:238)。由于家庭的教导、外界的激励等原因,童年王阳明内在勤奋感占据优势,其人格形成了能力的品质,并克服了自卑感,这让成年后的王阳明在面临困难时大多报以乐观自信的态度。尤其值得注意的是,一个更深层的驱动王阳明发展的因素逐渐浮出水面,那就是王阳明潜意识的"圣人情结"被激活。正如心理学家维雷娜·卡斯特(Verena Kast)认为的那样:"日常生活和人际关系体验会激活相应的情结,即我们所经历的体验可以与情结发生联想。"(卡斯特,2008:61)

"情结"是"由于创伤或者某种不合时宜的倾向而分裂出来的心理碎片"(荣格,2014:408)。"圣"字可追溯到上古巫觋文化,本意虽指"聪明",但在历史发展过程中不断地被赋予各种内涵,以至于"圣人"成为古代中国政治、道德、文化的理想人格和象征(吴震,2013)。在中国传统神话中,女娲、盘古、尧、舜、禹等都是"圣人"形象的来源,而在儒教发展过程中,中国的历代王朝以及官方儒士亦将孔子当作现实"圣人"来祭拜。而这些形象的内涵,既表达了中国先民"天人融合"的思想,也映射出中国独特的悲剧精神:自我牺牲、道义担当、自强不息、情欲压抑、克己复礼。同时,不同于希腊神话悲剧的彻底性,中国神话悲剧往往又带有一层乐观积极的色彩。(张静,商智茹,赵伯飞,2017)这些精神特质一起构成了中国的"圣人"概念。心理学家荣格指出,历史"……是人类精神中生物的、史前的和潜意识的发展……这种极古老的心灵构成了我们精神的基础"(荣格,2011:178-179)。中国先民自建立脆弱的农耕经济起,便受到自然的严重约束。在与自然斗争的漫长历史中，先民们逐渐找到了易于保存种族的各种观念，这些观念作为信仰的一部分则以神话的方式表述出来，使之在种族内代代传承。荣格又将"原型"称为"古代残存物"，是"一种人类心灵遗传而来的、以构成神话主题之表象的倾向"（荣格，2011：178－179）。由古老神话中所表达的特有的"英雄原型"，逐渐构成了中国"圣人情结"的基础，而"圣人情结"则扎根在中国人的集体潜意识中。宋儒提倡"圣人可学"，道学集大成者朱熹继承了这一观点。朱子学在元、明两代成为官方权威学说，王阳明受此影响，其立下"做圣人"的志向虽有其社会文化的背景，但潜意识圣人情结的激活则是他随后数十年努力的更深层次的动机。

王阳明十三岁时，其生母郑氏去世，少年王阳明对此极为悲痛。但仅过两年时间，王华娶继室赵氏、侧室杨氏，王阳明对此的态度虽未有记载，但可想并不愉快。与此同时，鞑靼入侵，掠取人畜数以万计，边疆动乱的消息也传到了京师。家庭变故带来的消极情绪、边疆动乱的消息加之王阳明任侠的性格、圣人情结共同促成了王阳明出游边关的决定，王阳明旋即前往居庸三关进行考察，经月始返。通过将注意力专注于边疆考察，王阳明既宣泄了消极情绪，也缓和了潜意识圣人情结带来的焦虑。一晚，王阳明做了一个梦，他在梦中拜谒了马伏波庙。马伏波即东汉开国功勋马援，马援一生立下赫赫战功，尤其在与边疆异族的战争中享有威名。这一梦境似乎具有特殊的含义，折射出王阳明的潜意识观念。精神分析创始者弗洛伊德（Sigmund Freud）认为："梦可以被看作是欲望的实现。"（弗洛伊德，2011：87）此时的王阳明将马援视作榜样，而这个梦则反映出王阳明对于建功立业的渴望，但他早已表达对"登第做官"的不满足，此处的"建功立业"或许是少年王阳明缓解潜意识的圣人情结所引起的焦虑产物。不久，石英、王勇作乱，王阳明数次表达想要上书给内阁首辅，请求代表朝廷征讨贼寇的想法，其父怒斥并制止了王阳明的"天真"行为。"任侠"之事发生在此阶段并不偶然，因为王阳明受到其祖父寄情山水的不羁性格影响，加之家庭对其的呵护，自幼又聪慧过人，王阳明的性格有些张扬顽皮从而做出任侠一类的事情便可理解，而在少年王阳明的眼中，"任侠"更是为了"学做圣贤"。因此，所谓"溺于任侠之习"不应该被分裂来看，而是应该看作王阳明圣人情结被激发后，在自己的豪迈性格的影响下产生的举动。

当想要通过"建功立业"来学做圣贤的行为被父亲制止后，王阳明便迅速转移了"学做圣贤"的方向。他开始学宋儒格物之学，遍求朱熹遗书读之，思格天下之物。一天，王阳明对着自家庭院的竹子"格"了起来，希望能探求万物之"理"，一连"格"了七天，依然没有得出任何答案，并且忧思成疾。王阳明对朱子学的狭隘理解导致"格竹"以失败染病告终，这件事作为象征事件一方面导致王阳明自此对朱子学采取不信任的态度，另一方面使其认为"圣贤有分""学做圣人"的迫切念头被暂时搁置一旁。不难看出，少年王阳明对于"学做圣人"的不成熟且失败的尝试实际上凸显了其在成长过程中出现了认同危机，正如埃里克森指出："在生命周期的那一段时期，认同危机的产生，是由于每一个青少年都必须在童年的残留与对成年的憧憬中，制造出一个自己的重心感与方向与一个行得通的统一感。他必须在自己对自己的看法与别人对自己的判断和期望之间，找到一个有意义的相同点。"（埃里克森，1989：8）王阳明起初认为"学做圣贤"便是这样的共同点，但这个共同点对于他来说并不实际，因而染疾。王阳明在遭遇这次危机后不久，找到了一个更贴切的共同点——科举考试。但"圣人情结"并没有消除，而是潜伏在王阳明内心深处。

十八岁时，王阳明拜谒娄谅，娄谅"圣人必可学而至"的教导再次激发了王阳明的圣人情结，让王阳明对"学做圣人"重新有了信心，但吸取了之前的教训后趋于成熟的王阳明则未急于尝试短期内"学做圣人"。在随后的生活中，王阳明潜意识的圣人情结所蕴含的乐观积极的圣人精神与王阳明豪放不羁的性格所契合，给予了其坚定的信念来追求"圣人之道"。

四、死亡焦虑

王阳明对"死亡"的概念最早在其十三岁母亲亡故时便已有所觉知。母亲亡故这一事件对于少年王阳明来说是非常悲痛的，而父亲王华并未有任何建设性的善后，甚至于次年娶继室、侧室，似乎母亲的角色因死亡而很快被人替代，而母亲本人却正被遗忘，这造成王阳明对"死亡"的隐性焦虑。其后不久，王阳明"学做圣人"格竹失败，并因此生了一场大病。王阳明生病更使其直面死亡的情境，死亡焦虑进一步显现出来，导致的后果便是王阳明从那开始认为"圣贤有分"，不仅压制了自身的圣人情结，而且一心受学准备科举考试，以此来转移死亡焦虑。弘治元年（1488年），王阳明十七岁，江西布政司参议诸让来书招亲，王阳明亲自前往南昌迎娶夫人诸氏。此时的王阳明可能因身体健康问题，从而对道教养生之术非常痴迷，以至于在成婚之日，他还在铁柱宫与道士谈养生之道，对坐忘归，次早始还。王阳明在布政司官署的生活比较闲适，读书习字，书法因此大进。王阳明主要学习模仿唐朝怀素的字，不仅因为他对以怀素为代表的佛、老之说的喜好，更重要的是他与怀素的个性中都有豪放不羁的一面，而后者书法和其人个性一样狂放，这点让王阳明非常欣赏。笔迹线条是个性心理的外化（郑日昌，2000：46），根据王阳明所留存的书法，其字"遒迈冲逸，韵气超然尘表"（黄惇，2007：303），亦能佐证其人不羁的个性。弘治二年（1489年），王阳明回到余姚不久，祖父去世。弘治三年（1490年），王阳明十九岁。王华回乡奔丧，并为王阳明等人讲经授学。王阳明虽然在几年的时间里分别经历了母亲、祖父两位重要他人相继去世的事件，但其反应有了较大变化。与之前任侠的行为截然不同，王阳明开始反省自己，并且发奋读书，认为："吾昔放逸，今知过矣。"

弘治五年（1492年），二十一岁的王阳明赴杭州参加乡试，中乡举第六名。王阳明的乡试文章写的锋芒毕露，其中为人称赞的有《子哙不得与人燕》篇，显示其胆识过人。然而，王阳明在随后的两次会试中都失败了。他对此的态度依旧如其性格一般豁达，回应道："世以不得第为耻，吾以不得第动心为耻。"（《王阳明全集》，1992：1224）这一时期的王阳明多与友人唱酬诗赋，以辞章为乐。王阳明在两次下第后，索性返回余姚，在途中经过任城，登太白楼，作《太白楼赋》，其文大气磅礴，尽显其豪迈的个性。随后路过南都，王阳明向朝天宫全真道人伊真人学道，修真空铄形法。王阳明归居余姚，弘治十年（1497年）之春多和友人游历山水，并作了几首诗感怀，其中"孤吟动梁甫，何处卧龙冈？""十里红尘踏浅沙，兰亭何处是吾家？"等句表达了王阳明在未能建立自我同一性的时期，对于个人如何发展、怎样生活等问题的不安和困惑。同年秋，王阳明由余姚搬到绍兴居住。岁暮大雪，王阳明却多次前往会稽山，寻访阳明洞。据束景南先生考证，阳明洞是道家洞天之一，王阳明之所以会冒雪上山探阳明洞①，正是因为其急于寻访修炼之所。弘治十一年（1498年），王阳明在这一年两度到南都见尹真人，讨论养生修炼，并表露出遗世入山之意，可以看出此时的王阳明对道家修炼之术甚是沉迷。同时，王阳明读宋儒书而无所得，又开始相信"圣贤有分"。这一时期的王阳明急于修炼道术，一方面可能因为身体状况不是很好，另一方面希望通过逃道来确定自己的自我同一性，但效果或许并不理想，因为同年冬天，王阳明再次北上京师，准备次年的会试。

弘治十二年（1499年），王阳明在第三次会试中终于考中进士，也由此开始走向仕途，闲暇时，与朋友以诗文为乐，自谓"上国遊"，可见王阳明在这一时期的春风得意。但王阳明在这一年七月骑马坠伤，本就多病的身体状况更是雪上加霜。此后，仅过两年时间，王阳明便感公务繁忙，力不从心，在与吴伯通的通信中提到："今且日益繁冗，是将终不得通一问。"（束景南，2017：

---

① 王守仁自号阳明子，"阳明"二字即出于此洞名。

207）而出现这一变化极有可能与王阳明身体欠安有关。是年八月，王阳明奉命前往各州府审决重囚，公务完成后，他便开始访友，并在佛教、道教圣地，与僧人、道士谈经论道。一方面，王阳明以此来缓解公务劳累；另一方面，可能是因为他急需寻求佛教、道教治病之法。当王阳明自弘治十五年（1502年）五月再次回京时，其因日事案牍，苦读经史，过劳成疾。八月，王阳明上乞养病疏，乞归越养病，就医调治。王阳明在这一时期因疾病醒悟"辞章之学"之非，叹曰："吾岂能以有限精神为无用之虚文也。"不难发现，王阳明思想的转折和其生理疾病有相当大的关系。他幼时因"格竹"患病，使其从"学做圣人"转向了"科举之学"，后又因疾病从"辞章之学"转向了"佛老之学"。王阳明离开京师，沿途访问了一些寺庙、道观，并作诗赋，其中"却笑飞黄浮鹢者，此身终日为谁忙？""莫向病夫询出处，梦魂长绕碧溪里。""人生一无成，寂寞知向许？"（束景南，2017：234－235）等诗句表现出疾病对王阳明的影响甚大，健康问题已经成为他关注的重点。九月，王阳明回到绍兴，在阳明洞里行导引术，静坐习定，究极道经密旨，又与会稽"抱道之士"王文辕等讲道论仙，习静勤修。诸此种种皆表现出王阳明因身患疾病而越发痴迷道家养生之术，渴求道术能治愈自身疾病。但是年十月，王阳明的叔父去世，王阳明哀痛之余葬其于穴湖山，并作墓志铭。这件事再次激化王阳明的死亡焦虑，并且越发思念亲人，王阳明尽管依旧坚持在洞中修炼，但已经开始认为"此簸弄精神"（束景南，2017：253），不应为了隐居修炼而与亲人疏离，反映了王阳明出世修炼和入世思亲矛盾的心理变化。王阳明修行数月，自身的疾病可能并未缓解，深山之中岁暮寒冷，居住条件不佳，加之思念亲人，使其逐渐对道术修炼产生怀疑。与此同时，王阳明开始专研佛典，悟佛家"种性"之说，便中断修道，移疾钱塘，习禅养病。在王阳明因疾病溺于佛、老之说的时候，王华在官场上一路高升至礼部右侍郎。王阳明养病期间在杭州附近游玩，多有诗咏，"情多谩赋诗囊锦，对镜愁添白发新""倏忽无定态，变化不可求""年来病马秋尤瘦,不向黄金高筑台"(束景南,2017:262-270)等诗句凸显王阳明因病缠身而不能有所作为的惆怅之情,幸而其在回到绍兴的家中以后逐渐病愈。在此阶段,王阳明仍在一定程度上对心性之学进行了思考,并与吾谨辩论儒、释之异。

王阳明疾病初愈,恰逢王华回乡,或许是在父亲的劝说和榜样下,王阳明开始复思用世,最终决定出仕。王阳明于弘治十七年(1504年)九月回京任职,在这一阶段作《赠阳伯》一诗(《王阳明全集》,1992:673),其中"长生在求仁,金丹非外待。缪矣三十年,于今吾始悔"表明王阳明开始反省自己溺于神仙之道的错误。而后,王阳明便开始与诸儒生讲论有关心性之学的学问,并认识了一生至交湛若水,与其"共倡圣学"。

当审视王阳明由佛、老之学转向心性之学的思想变化时,我们应该分析其深层次的心理原因。王阳明对于佛、老学说的"沉迷",除了少年时期两派学说给其留下的良好印象以外,更重要的两点原因是:其一,死亡焦虑。王阳明自幼身体状况不佳,且连续面对数位亲人的死亡,对于疾病和死亡的焦虑迫使王阳明寻求一个被心理学家欧文·亚隆(Irvin Yalom)称为"终极拯救者"的目标(欧文·D. 亚隆,2015:137),而这个目标显然就是不会受死亡威胁的"仙人"或"佛陀",王阳明便是希望以修道、修禅的方式来克服死亡恐惧;其二,根据费斯汀格(Leon Festinger)认知失调理论(Festinger, 1959),王阳明出入佛、老之说,和其学做"圣人"的理想确实相悖,但考虑到其"格竹"失败患病,即在探索"圣学"的道路上遇挫,王阳明改变自己的态度,减少自己的认知失调便是情理之中,其认为"圣贤有分"就是态度转变的一个重要标志。所以,王阳明对于佛、老学说的"沉迷"并不是出于对两派学说宗教性的信仰,更多的是为了修复自己的心理危机和生理疾病。然而,当阳明这次病愈后,情况则大为不同。首先,他对于疾病和死亡的焦虑因病愈暂时得到缓解,便没有对修炼、坐禅迫切地需要。其次,他在修炼过程中渐渐悟到人不能也不应该断绝亲情，而佛、老出家修行，远离尘世的思想与其相左，佛、老之说和王阳明的认知便发生了冲突和不协调。再次，他回京以后接触到的朋友多是心学门下的儒士，王阳明对于心学的认可所表现的内群体实体性不仅有助于确认其世界观，而且可缓解其死亡焦虑。最后，他潜意识内仍然有着"圣人情结"，当他再次走向仕途，并预期可以像古圣人一样入世，在政治方面有所作为时，佛、老出世思想则明显无法满足王阳明的精神需求。

王阳明每一次思想的重大改变都与死亡焦虑有直接的关联，母亲去世，王阳明开始追求"学做圣人"；格竹生病，王阳明从"学做圣人"转为读书举业；祖父去世，王阳明虽然更加发奋读书，但同时也愈加痴迷佛、老之说，以此来缓解自身的死亡焦虑；但等到举业成功，王阳明在一场大病之后不得不隐居养病，此时的王阳明对佛、老之学的痴迷也到达了顶峰；王阳明随后在山洞专心闭关修炼道术，但修炼一段时间，自身的健康问题依旧严峻，加之思念亲人，使其渐悟佛、道出世思想的不足。在后文中，王阳明因得罪刘瑾而入狱，由于牢狱之灾，王阳明再次得病，在养病期间，王阳明又萌发通过隐居修行来摆脱死亡焦虑的想法，但终究因之前已悟佛、老思想的不足以及内心圣人情结的积极支持，使得王阳明愿意直面死亡的情境，向贬谪地龙场出发。在条件极端恶劣的龙场，王阳明深刻体验到死亡的威胁，自己也认为唯有生死一念不能放下。在这样的前提下，王阳明展开了"存在主义式"直面死亡的"顿悟"，即龙场悟道。这其中，有一个现象值得讨论，即王阳明很早就展开了对自我同一性的探索，但等到王阳明真正建立完善的自我同一性，已经是龙场悟道之时。王阳明建立自我同一性的过度延缓极有可能与王阳明愈加严重的死亡焦虑有关，而当死亡焦虑因龙场悟道得到解决时，王阳明的自我同一性也完善地建立起来。

五、直面"死亡"的悟道

王阳明回到京师做官，但京师政局在正德元年（1506年）发生了极大的动荡，大学士刘健、谢迁、户部尚书韩文等，伏阙上劾宦官官状，请诛刘瑾、马永成等"八虎"，不果。十月，刘健、谢迁去位罢归，戴铣、牧相等再疏刘瑾不法数十事，忤旨，尽逮戴铣等三十人械击入京。十一月，王阳明闻戴铣、牧相等将械击进京，乃抗章疏救，然而这一阶段的政治斗争仍然以刘瑾胜利而告终，王阳明受到牵连入狱。狱中生活虽然艰苦，王阳明却颇为乐观，不仅与狱友相识结交，还学周文王讲易演易。"抗章疏救"这一举动既与王阳明任侠豪迈的性格有关，也是"圣人情结"显现的一个具体行为，尤其是王阳明在狱中学周文王讲易演易一事也具有重要意义，周文王作为古代圣贤的代表，曾被囚羑里，在囚禁中推演易，王阳明在狱中模仿周文王的举动亦可证明其潜意识的"圣人情结"被监狱这一特殊情境所激发。王阳明于十二月中旬出狱，被杖责三十，谪贵州龙场驿丞。王阳明因对宦官弄权、自身遭遇的悲愤不满，加之牢狱刑罚之灾、自身身体素质较差等原因，他再次病倒，并在南屏隐居养病。

正德二年（1507年），刘瑾矫诏列刘健、谢迁、李梦阳、王守仁等五十三人为奸党，榜示朝廷。这一消息对于王阳明的打击很大，因为一旦列入"党籍"，便意味着仕途从此基本告终，这直接促使其产生遁世的想法。因此，当王阳明病稍愈，便发生了一件耐人寻味的事情，诸多学者在描述王阳明生平时，将王阳明这一阶段的经历神话化，出现"锦衣卫追杀""王阳明投江""夜宿虎穴"等神奇描述。据束景南先生考证，这些说辞皆是王阳明自己掩饰真相，自神其事，再由世人以讹传讹而已（束景南，2017：357）。事实上，王阳明沿富春江，入广信，经建阳，遁入武夷山。对此，从心理学的角度来看，需要分析两个问题：其一，王阳明为何编造自己的神话？其二，王阳明遁入武夷山又是为何？

罗洛·梅（Rollo May）指出：首先，神话让我们意识到那些被压抑的无意识的被遗忘的担忧、愿望、恐惧以及其他心理因素。这是神话的还原功能。……神话有助于我们接纳过去，进而发现展现在我们面前的未来。……是将负罪感从神经官能症的层面转化到普通、生存的层面（罗洛·梅，2012：77）。王阳明编造"自我神话"，将以刘瑾为代表的"阉党"对自己的政治迫害用"锦衣卫""海浪""猛虎"等典型的威胁个人生存的意象还原出来，现实中对政治迫害毫无反抗力量的王阳明对比自己内心的"圣人"标准相差甚远，其潜意识里不愿接受这一现实。但通过神话，自己能够奇迹地战胜这些意象，这一过程是以一种自我暗示的方式接受面对政治迫害无力的过去。尽管没有证据证实王阳明这一行为符合萨特（Jean-Paul Sartre）的"自欺"概念，但毫无疑问，这确实构成一种"说谎"行为，而"说谎是一个超越行为"（萨特，2014：79）。王阳明的"谎言"超越了受挫的现实，具备了治愈自身精神创伤的意义。此外，《周易》有言："神而化之，使民宜之。"（黄寿祺，张善文，译注，2010：387）黄帝、尧、舜等圣人通过展现"神力"来感化民众，起到教育引导民众的作用。同样，王阳明在听众面前编造自己的神话，让听众相信自己确是"圣人"，从而达到让他人认可自己的学说主张的目的。

王阳明遁入武夷山的事件凸显了其由政治迫害产生巨大的焦虑，并通过躲避惩罚来缓解这种焦虑。此时，他内心的圣人情结恰好起到积极的作用，这一情结在其潜意识中帮助他对抗现实的焦虑。王阳明在游览武夷山之后再次回到南都，决定积极地面对现实。罗洛·梅认为："一个人能够在日常生活的焦虑出现时，建设性地面对它，他便能避免导致日后神经性焦虑的压抑与退缩。"（罗洛·梅，2016：326）王阳明的这一决定为龙场悟道铺平了道路，正是在政治迫害下，他选择用建设性的方式面对现实及其焦虑，从而重新获得个体生命广延的可能性及存在的意义。王阳明赴谪龙场之前作《田横论》以自明心志，文中"徒知慕义，而不知义之轻重者""吾惟权之为义，则从违可否自有一定之则，生亦不为害仁，死亦不为伤勇"（束景南，2017：443）等句表达了王阳明对于田横以死守义的做法的批判，也反映出王阳明自己的"仁义"观。田横是原齐国贵族，在遭遇灭国后逃亡海岛，后自杀以保全气节（司马迁，1959：2643）。自杀的一个重要动机是自杀者"害怕成为无物"，匆忙地回避了自身的处境，于是通过自杀成为"强迫性英雄"（欧文·D. 亚隆，2015：130）。王阳明正是意识到了田横自杀的问题，所以批评田横"横之死则勇也，而智则浅矣"（束景南，2017：443）。王阳明向着贵阳龙场而去，此行他已决心直面自己的现实处境，担起自己存在的责任。

　　王阳明在正德三年（1508 年）的三月到达龙场驿，当时的贵阳地区属于边远蛮夷之地，生活环境极为恶劣，王阳明甫至之时还没有房屋可供居住，但王阳明豁达地面对龙场交通不便、语言不通、蛊毒瘴疠、生活资料极度匮乏的现实问题。王阳明因龙场的恶劣环境联想到上古未开化之世，写了一首《初至龙场无所止结草庵居之》，以圣人黄帝、尧帝激励自己。其后不久，王阳明发现了一个山洞，将其改名"阳明小洞天"并移居其中，并建玩易窝。他还向当地人学习种粮方法，自己种田来解决粮食匮乏的问题。王阳明渐渐地适应了龙场的生活，远近的乡民、儒生也时来看望他。或许是附近来问学的人越来越多，王阳明开始构建龙冈书院，招收学生，在龙冈书院内建何陋轩、君子亭、宾阳堂等，并在书院中建西园为起居之所。王阳明作《何陋轩记》，以"欲居九夷"的孔子自比。王阳明为君子亭写的《君子亭记》表达了对自己君子品格的严格要求，至于"宾阳堂"一名则源自《尧典》"寅宾出日"句（冈田武彦，2015：245），表达了王阳明学做圣人的追求。玩易窝的名字由来更是王阳明模仿周文王被拘演易而来。笔者认为，在王阳明谪居龙场的艰苦时期，其潜意识的圣人情结相应的被激起，给予身处逆境的王阳明极大的精神支撑。由于体弱，王阳明不久便又病倒，得当地巫医治疗才稍愈。十一月，与王阳明同样因反对阉党而被贬贵州的工部主事刘天麟去世，王阳明为文祭之，其文极为悲痛。正德四年（1509年）初，三十八岁的王阳明再次病卧西园；八月，有京师吏目过龙场驿，在野外暴毙，王阳明深有感触，为作祭文掩埋。由于身体素质较差，加之龙场恶劣的生存条件，王阳明在两年的时间里屡次生病，且又耳闻目睹了数次他人的死亡，凡此种种进一步加剧了其内心对死亡的焦虑。王阳明实际已经面对个人死亡的"边界处境"，"边界处境"是指一个事件、一种紧急的体验，迫使人面对自己存在于世的"处境"。死亡的察觉使人脱离对琐事的关心……推动人们实现一种更高的存在状态（欧文·D. 亚隆，2015：168）。王阳明自觉得失荣辱都能超脱，只有生死一念尚觉未化，于是效仿陈白沙端居澄默，以求静一。在静坐的过程中，王阳明不断追问自己："圣人处此，更有何道？"终有一日，王阳明突然大悟格物致知之旨，欣喜若狂，不觉呼跃，大呼："圣人之道，吾性自足，向之求理于事物者，误也。"（束景南，2017：537）这一事件便是中国思想史上著名的"龙场悟道"。

从心理学的角度看待这一史实，所谓"圣人之道，吾性自足"可以明显地看出王阳明形成了内部一致的自我贯通的能力，高度统合了自我。而在其余生，王阳明都对龙场悟道给予高度的肯定，其学说不管如何变化，也基本都围绕龙场悟道所形成的观点来阐发。可以说，龙场悟道后，王阳明已然形成了对后期生命形成具有决定性意义的方式，这便是形成积极的自我同一性的标志。当关注王阳明龙场悟道的事实，或许王阳明"顿悟"的行为所需的思想要素已经在其个体发展过程中的潜意识里准备成熟，只是通过"顿悟"这一形式结合并显现出来，完成了一个"格式塔"，但这仅仅是王阳明龙场悟道的可能性之一，并不是最重要的原因。当回溯王阳明"悟道"之前的龙场生活，"死亡"是无法避开的主题，自身体弱多病，身陷龙场极端恶劣的生存环境中屡次患病，见证了数起死亡事件等，这些遭遇让王阳明面对死亡的"边界处境",迫使王阳明静坐思考关于生死的终极命题,并最终"顿悟"。存在主义哲学家海德格尔(Martin Heidegger)认为:"死作为此在的终结乃是此在最本己的、无所关联的、确知的,而作为其本身则是不确定的、不可逾越的可能性。"(海德格尔,2014:297)只要此在生存着,他就已经被抛入死亡的可能性。王阳明不是不知死,只是用沉陷日常生活的种种活动闪避死亡,如逃道、逃禅、溺于辞章之习等。但在龙场的日夜静坐中,王阳明的此在整体在特殊的现身情态"畏"中显现出来,"畏"虽然没有具体对象,但"畏"使得此在超越日常生存中各种存在者的包围,而直面虚无(陈嘉映,1995:91)。"畏"令此在先行到死,使王阳明从烦忙于世务混迹于众人的羁绊中解放出来,他自己也曾说:"……所云静坐事,非欲坐禅入定。盖因吾辈平日为世务纷拏,未知为己,欲以此补小学收放心一段工夫耳。"(《王阳明全集》,1992:144)王阳明静坐正是契合了"畏"的情态。"畏"在死亡的空无面前敞开了生存的一切可能性,唤来了此在的自由(陈嘉映,1995:97)。通过"畏",王阳明达到了向死存在的本真状态,直面死亡而不再闪避它。不仅如此,王阳明还"中断了去听常人"(海德格尔,2014:311),暂且放下了早年所学习的那些广为流传的各类学说,从而,给了他本人一种"听自己"的可能性,如海德格尔所言:"这样的打断的可能性在于直接被呼唤。"(海德格尔,2014:311)这种"呼唤"的发出者被海德格尔称作"良知",此在被良知呼唤,"呼声跨越了常人以及公众解释此在的讲法……在这种跨越中,呼声将那热衷于公众声誉的常人驱入无意义之境……自身却通过呼声被带回其本身。"(海德格尔,2014:313)良知的核心便在于个别化(陈嘉映,1995:102),王阳明所言"圣人之道,吾性自足"便是这种个别化的揭示。或许,王阳明并不一定在龙场悟道之时完全明白日后自己对"格物致知"的独特阐释,但他已经明确不再向外求"理",而是向内寻求本真之心,他选择了最本己的可能性,从而完善了他的"自我"。正因为龙场悟道,王阳明重建了"心体","心体成为普遍之理与个体之心的统一，而这种道德本体又构成了内圣的内在根据……真正的境界总是将化为人的具体存在，并展开于人的实践活动中。这样，心体与内圣的统一，同时便蕴含着存在与境界的统一"（杨国荣，2009：65）。王阳明"学做圣人"的夙愿因此有了自觉且明确的实现路径，其潜意识的"圣人情结"对王阳明龙场悟道的驱动力量可见一斑。

六、结语

当梳理并分析了王阳明前半生直至龙场悟道的生命史之后，本研究认为，王阳明前半生的思想变化以及龙场悟道都离不开王阳明内心深切的死亡焦虑和圣人情结。死亡焦虑一次次逼迫王阳明直面自己的生命，从而产生终极的哲学思考；而圣人情结，除了在第一次萌发时给王阳明带来了负性的影响之外，终其一生都是王阳明探索"圣人之道"的坚定的动力来源。同时，王阳明的不羁个性和生命中的重要他人、成长环境、个人经历等诸多要素都深刻影响着王阳明的思想。正如钱穆先生所说，我们要理解王阳明的思想，必须先理解王阳明的实际生活（钱穆，1993：3）。而本文提供了心理学的一种思路去理解王阳明的生活史及其内心世界，尽管在对王阳明的生活史考察中仍有不足之处，如王阳明的妻子是否对王阳明有所影响？但这一问题缺乏可靠史料记载，因此在文中没有论述。

在王阳明的生命故事中，我们可以发现他为寻觅自我同一性而做出的努力，而自我同一性的确定和其个人的基本生存现状紧密相关，这提醒我们，在关注个人成长的自我同一性问题上，要将人类基本的生存现状考虑在内，而存在主义心理学为此提供了宝贵的思想启发。通过王阳明的生命叙事，我们还可以验证存在主义心理学家如罗洛·梅、欧文·D.亚隆等提出的关于孤独、死亡、自由等终极关怀，这为理解心学思想提供了一种独特的心理学视角。同时，郑剑虹等主张将心理传记学研究成果应用于心理咨询和治疗领域，提出心理传记疗法（郑剑虹，2014；郑剑虹，何承林，2016）；舒跃育等（舒跃育，李惠芳，汪李玲，2019）主张将心理咨询、教育与心理传记学结合；何吴明等（何吴明，郑剑虹，2019）亦提出心理咨询、培训和治疗领域，关注个体在特定情境中的心理和行为及与他人互动的影响。而王阳明的生命叙事在一定意义上既关注到其个体在特定情境中的心理和行为的内在原因，也为存在主义心理治疗在中国人的临床治疗中提供了令人信服的思想支撑。在人类陷入"认同危机"甚至"无意义感"的困境的今天，王阳明的生命故事对当代人类具有一定的启发性。另外，在本研究中，"圣人情结"对王阳明能够完成龙场悟道起到了极大的作用，这一作为中国文化所特有的且区别于西方宗教性内涵的心理概念，值得研究者进一步研究讨论。

参考文献

艾里希·弗洛姆（2015）．逃避自由（刘林海译）．上海：上海译文出版社．

爱利克·埃里克森（2018）．童年与社会（高丹妮、李妮译）．北京：世界图书出版社．

埃里克森（1989）．青年路德（康绿岛译）．台北：远流出版事业股份有限公司．

阿德勒（2006）．人格哲学（罗玉林等译）．北京：九州出版社．

陈友庆，陶君（2016）．重要他人情境对青少年意图判断诺布效应的影响．心理与行为研究，14（4），471-478．

陈来（2013）．有无之境：王阳明哲学的精神．北京：北京大学出版社．

陈寅恪（1955）．隋唐制度渊源略论稿．上海：三联书店．

陈嘉映（1995）．海德格尔哲学概论．北京：生活·读书·新知三联书店．

杜维明（2017）．青年王阳明：行动中的儒学思想．北京：生活·读书·新知三联书店．

冈田武彦（2015）．王阳明大传：知行合一的心学智慧（上）（杨田译）．重庆：重庆出版社．

耿宁（2013）．人生第一等事——王阳明及其后学论"致良知"（倪梁康译）．北京：商务印书馆．

何炳松（2012）．浙东学派溯源．上海：上海古籍出版社．

何吴明，郑剑虹（2019）．心理学质性研究：历史、现状和展望．心理科学，42（4），1017-1023．

黄惇（2007）．中国书法史（元明卷）．南京：江苏教育出版社．

黄宗羲（2012）．黄宗羲全集（沈善洪编）．杭州：浙江古籍出版社．

黄寿祺，张善文译注（2010）．周易（下）．上海：上海古籍出版社．

海德格尔（2014）．存在与时间（陈嘉映、王庆节译）．北京：生活·读书·新知三联书店．

科克·J. 施耐德，罗洛·梅（2010）．存在心理学——一种整合的临床观（杨绍刚、程世英等译）. 北京：中国人民大学出版社.

卡尔·荣格（2011）. 象征生活（储昭华等译）. 北京：国际文化出版社.

罗洛·梅（2016）. 焦虑的意义（朱侃如译）. 桂林：漓江出版社.

罗洛·梅（2012）. 祈望神话（王辉等译）. 北京：中国人民大学出版社.

罗森塔尔，雅各布森（2003）. 课堂中的皮格马利翁：教师期望与学生智力发展（唐晓杰、崔允漷译）. 北京：人民出版社.

马斯洛（2007）. 动机与人格（许金生等译）. 北京：中国人民大学出版社.

马皑，宋业臻（2019）. 心理传记学的研究方法思考. 心理科学，42（2），506 – 511.

欧文·D. 亚隆（2015）. 存在主义心理治疗（黄峥等译）. 北京：商务印书馆.

钱穆（1998）. 阳明学述要. 台北：联经出版事业公司.

释道世（2003）. 法苑珠林. 北京：中华书局.

束景南（2017）. 王阳明年谱长编. 上海：上海古籍出版社.

萨特（2014）. 存在与虚无（陈宜良等译）. 北京：生活·读书·新知三联书店.

司马迁（1959）. 史记. 北京：中华书局出版社.

舒跃育（2018）. 心理传记学的历史与展望. 西北师大学报（社会科学版），55（5），102 – 109.

舒跃育，李惠芳，汪李玲（2019）. 中国心理传记学研究现状与发展趋势——基于CiteSpace 的知识图谱分析. 华中师范大学学报（人文社会科学版），58（4），185 – 192.

吴震（2013）. 中国思想史上的"圣人"概念. 杭州师范大学学报（社会科学版），35（4），13 – 25.

王守仁（1992）. 王阳明全集（吴光、钱明、董平等编）. 上海：上海古籍出版社.

王树青，张广珍，陈会昌（2014）. 大学生亲子依恋、分离——个体化与自我同一性状态之间的关系. 心理发展与教育，30（2），145 – 152.

维蕾娜·卡斯特（2008）. 梦：潜意识的神秘语言（王青燕、俞丹译）. 北京：国际文化出版社.

汪学群（2016）. 陈献章学脉对王阳明思想的影响. 湖南大学学报（社会科学版），30（3），25 – 29.

William Todd Schultz（2011）．心理传记学手册（郑剑虹、舒跃育等译）．广州：暨南大学出版社．

西格蒙德·弗洛伊德（2011）．梦的解析（孙名之等译）．北京：国际文化出版社．

杨晓莉，刘力，李琼，弯美娜（2012）．社会群体的实体性：回顾与展望．心理科学进展，20（8），1314–1321．

叶浩生（1991）．存在主义心理学的理论及其特征．南京师大学报（社会科学版），(1)，62–67．

余杭县志编纂委员会（1990）．余杭县志．杭州：浙江人民出版社．

杨国荣（2009）．心学之思：王阳明哲学的阐释．北京：中国人民大学出版社．

郑剑虹（2014）．心理传记学的概念、研究内容与学科体系．心理科学，37（4），776–782．

郑剑虹，黄希庭（2013）．国际心理传记学研究述评．心理科学，36（6），1491–1497．

郑剑虹，何承林（2015）．心理传记疗法：理论与实践．生命叙事与心理传记学，(3)，71–99．

郑日昌（2000）．笔迹心理学．沈阳：辽海出版社．

张静，商智茹，赵伯飞（2017）．中国与希腊神话悲剧的美学特征及其差异性析论．理论导刊，(6)，95–99．

朱苈苈，王峰，黄志斌（2019）．重要他人理论视角下大学生思想政治理论课认同的影响因素及提升对策研究．思想教育研究，(10)，113–117．

Festinger L., Carlsmith J. M.（1959）. Cognitive Consequences of Forced Compliance. *Journal of Abnormal and Social Psychology*, 58, 203–210.

Psychobiographical Research of Wang Yangming's Comprehension in Longchang

Jiang Zhi-hao　Ge Ming-gui

(School of Educational Science, Anhui Normal University, Wuhu, 241000)

／ Abstract ／

Through the paradigm of psychobiography, this article analyze Wang Yangming's psychological development before his enlightenment in Longchang, based on Wang Yangming's chronology, written by Dr Shu Jingnan, and many historical records. The purpose is to explain Wang Yangming's ideological change in the first half of his life and the course of his enlightenment in Longchang, so as to reveal the deep psychological reasons of enlightenment. It is found that Wang Yangming's important others, childhood experience, saint complex and death anxiety are the deep psychological reasons for his thought change and enlightenment.

／ Keywords ／

Wang Yangming, Enlightenment in Longchang, Saint complex, Death anxiety, Psychobiography

感恩者心理资本发展的叙事研究*

和仕杰　罗鸣春**

（云南民族大学教育学院心理学系，昆明，650504）

／摘　要／

为探讨感恩者 M 的心理资本发展状况，从而为个体的心理资本发展和积极心理品质的培养提供一定的借鉴和参考，文章从心理资本建设的角度出发，采用叙事研究方法，以个体 M 的感恩成长经历为例，采用生命线图作为线索进行访谈，在生命线图上标出 M 成长历程中的关键事件，凭此来回顾 M 的生命故事。文章最后从感恩的认知、情感和行为三个层面对 M 感恩历程中的心理资本建设状况进行了归纳和分析，发现 M 的感恩特质对其心理资本建设起着积极的促进作用，从而得出强化个体的感恩特质可以提升其心理资本的结论。

---

* 本文是教育部民族教育发展中心全国民族教育研究课题：少数民族大学生的心理健康与教育对策研究阶段成果（项目编号：ZXJD18003）。

** 通讯作者：罗鸣春，教授，博士，E-mail: mingchunluo@126.com。

／关键词／
感恩，心理资本，叙事研究

一、问题提出

感恩（gratitude）一词来源于拉丁语"gratia"，意指恩惠、仁慈或感激。McCullough 等（2002）认为感恩指个体用感激认知、情感、行为了解、回应他人的恩惠而使自己获得积极经验或结果的心理倾向。谢振旺（2010）将感恩特质分为认知成分、情感体验成分和行为成分，并编制了感恩量表，量表的知足幸运感维度测量感恩特质的认知成分；简单快乐和消极体验测量的是感恩特质的情感维度，前者反映积极情感，后者反映消极情感；珍惜和回报维度测量的是感恩特质的行为成分。本文根据谢振旺（2010）对大学生感恩概念的阐述，认为感恩是人类的一种心理特质，可将感恩划分为认知成分、情感成分和行为成分三个层面，包括知足幸运、简单快乐、珍惜、消极体验、回报行为五个方面的心理资源。Luthans 认为心理资本是指个体在成长和发展过程中表现出来的一种积极心理状态，包含自信或自我效能感、乐观、希望和韧性四个维度，是一种积极的心理资源且具有可开发性和可管理性（Luthans & NorMan，2008）。本研究根据 Luthans 对心理资本的定义，认为心理资本是由自我效能、韧性、乐观和希望四个方面组成的一种积极心理状态，并可以进行开发和建设。

感恩作为中华民族优秀的传统文化内容之一，被人们认为是一种最基本的人格品质和最符合人格规范的行为准则。在美国等一些西方国家，规定每年11月的第四个星期四作为"感恩节"，以形成感恩的习惯。有学者提出，谁能赢得心理资本，谁就能在未来的竞争中取胜（王雁飞，朱瑜，2007）。许多学者的研究也表明，心理资本能促进个体自身潜能的发挥，增强学业成就、就业能力，提高心理健康水平和幸福感（王晓宁，2018）。自从积极心理学成为21世纪心理学非常重要的潮流以后，有关积极心理特征的研究就成为新的研究趋势，作为关注个体积极心理品质的心理资本和作为积极心理学二十四种心理特质之一的感恩也逐渐引起人们的关注。

根据本文的研究目的，笔者对感恩和心理资本的相关研究做了如下梳理。当下学术界对感恩心理学的研究和描述，主要集中于从特定的群体来研究感恩，大多见于对高校大学生、高校贫困生和中学生的感恩心理进行研究，如肖梦洁（2020）的研究验证了培养感恩情绪能提高少数民族地区贫困大学生的心理弹性；郭佩佩、高金敏、叶俊等（2020）的研究得出感恩品质可降低新冠肺炎疫情给大学生心理带来的不利影响的结论；马征（2020）的研究表明高中生的感恩与学业成就呈正相关。还有一些是从特有文化的角度、社会支持的角度来研究感恩，也有从中华民族文化的角度来研究感恩文化和感恩心理的（胡羽航，2019）。根据文献梳理，笔者发现目前感恩与心理资本的关系研究存在不足，主要体现在以下两方面。一方面，关于感恩与心理资本的关系研究不够深入，研究面不够宽广，目前只有少数文献有所涉及。比如，陈秀珠、李怀玉、陈俊等（2019）的研究得出高感恩水平与低感恩水平个体相比，其心理资本更能促进自我控制能力，最终取得更好的学业成就的结论。崔丹丹（2016）及张晓彤、刘彦慧、袁春燕等（2013）研究发现，心理资本与感恩呈正相关，心理资本水平越高，感恩水平也越高，心理资本对大学生的感恩水平有着积极影响。傅俏俏（2018）的研究表明心理资本水平越高，贫困大学生的感恩水平越高。宋莉莉、卢家楣（2018）的研究表明，积极心理资本与感恩特质呈正相关，而提升本科生的心理资本可以强化他们的感恩特质。李朝霞、宋莉莉（2017）的研究表明心理资本和感恩存在显著的正相关。从已有文献的整体论述结果来看，其结论认为感恩与心理资本具有正相关，但缺乏更多的实证数据支持。另一方面，已有研究对具体感恩的因子与心理资本的因子间的影响没有作更多的深入考察。研究界对提升个体感恩水平的研究措施及视角不够新颖，以积极心理学尤其是关注人的积极潜能的心理资本为导向，关注个体感恩水平与心理资本关系的研究较为缺乏。以往研究大部分是通过量表的方式进行调查研究，缺乏感恩与心理资本的质性研究。

质的研究是以研究者本人作为研究工具，在自然情境下采用多种资料收集方法对社会现象进行整体性探究，使用归纳法分析资料和形成理论，通过与研究对象互动对其行为和意义建构获得解释性理解的一种活动（陈向明，2000）。质性研究可以描述和促进对某些人类经验或经历的理解，由于人类的情感难以量化，质性研究就成为更有效的方法来研究这些情感的反应（刘可，颜君，张美芬，2003）。作为质性研究的方法，叙事是为了研究，研究是为了剖析事件的质、解释现象背后的真实。叙事即讲故事，以讲故事的方式表达对现象的解释和理解，揭示故事内涵的价值和意义（陈向明，2013）。国内外关于感恩和心理资本建设的研究大多从量化研究的角度出发，相较于量化研究，质的研究更能关注被研究者的真实情感反映，通过收集的丰富质性研究文本资料更好地对被研究者的成长经历进行分析。针对个体感恩与心理资本质性研究的不足，本文采取质性研究方法中的叙事研究，一方面可以更加深入和细致地对感恩和心理资本二者的关系进行探讨，另一方面研究者与本文研究对象 M 是较为熟悉的朋友，这为研究者进行研究提供了很大的方便，也更利于研究者收集较为全面而真实的资料。

本文以"感恩者心理资本发展的叙事研究"为主题开展研究，采用质性研究方法对感恩个体 M 进行深入研究，从感恩者是如何进行心理资本建设的，感恩品质是否能促进个体的心理资本建设的问题出发进行研究，通过心理资本理论，探寻感恩者 M 如何通过感恩经历进行心理资本建设，不仅对个体的健康成长提供了一定的借鉴意义，还有利于个体积极心理品质的培养。

二、研究方法

(一) 研究对象

本研究采用"目的性抽样"原则中的"关键个案抽样"的具体策略。关键个案抽样选择那些可以对事情产生决定性影响的个案进行研究，目的是将从这些个案中获得的结果逻辑地推论至其他个案。这类个案通常不具有典型性，不代表一般的情况，而是一种"理想"的状态（陈向明，2000）。本研究采取目的性抽样，有目的地选取懂得感恩的个体 M，通过 M 的成长历程挖掘其中的感恩经历，分析其积极心理资本的建设过程。

选择 M 作为研究对象主要基于以下原因。首先，M 出生于玉龙纳西族自治县的一个普通纳西族家庭，纳西族是一个十分注重"和合"的民族，纳西族认为感恩是个人成长历程中的一种重要品质，对个体的健康成长起着积极促进作用。作为纳西儿女，M 从小受本民族传统文化的影响，也时刻牢记要学会感恩，对别人的恩惠和帮助心存感激。认为自己的一切都来自上天的馈赠，来自父母的养育，来自老师的教导，来自他人的帮助，所以一定要心怀感恩，懂得知恩图报。其次，M 是研究者从小玩到大的朋友，研究者对其非常熟悉，对其成长经历也有一定的了解，在我们彼此接触的过程中，笔者常常被 M 的感恩品质感染，深切地感受到 M 是一个懂得感恩的个体，这种感恩品质贯穿了M 的整个成长历程，所以笔者想通过对 M 的深入研究来更深入地了解其感恩品质对 M 的成长历程产生了哪些影响，具体是如何体现的，加上笔者和 M 的朋友关系，使笔者在收集资料时更为方便和全面。

（二）研究程序

1. 研究资料收集方法

本文运用生命线图访谈法作为线索（李涛，刘礼艳，刘电芝，2015），去回顾 M 的生命故事，聚焦对其影响深刻的关键事件。采用"画生命线图"与"关键事件访谈法"两者相结合的质性研究方法进行访谈。生命线图中的横坐标轴表示年龄，右侧的实线代表现在所处的点，实线左边是已经经历的人生，右边是未来；纵坐标代表某时期的感情起伏程度，越往上越开心，越往下越悲伤。整个空间可以描述一个人的人生道路及其感受。本研究要求访谈对象 M 在生命线图上标出情感高峰和低谷时期的年龄，同时将这些时期对她产生深刻影响的关键事件用圆点标出，之后再把圆点用曲线连接起来，整个曲线可以描述 M 的人生历程感受。之后根据 M 画出的生命线图，对其关键事件进行访谈，了解她在具体事件上的感受、应对措施、受到的支持等。关键事件访谈法，不是要求对象事无巨细地逐一叙述，而是聚焦于对自己有影响的最重要事件，以避免谈话过于琐碎和偏离主题。本研究抓住访谈对象在生命线图上画的关键事

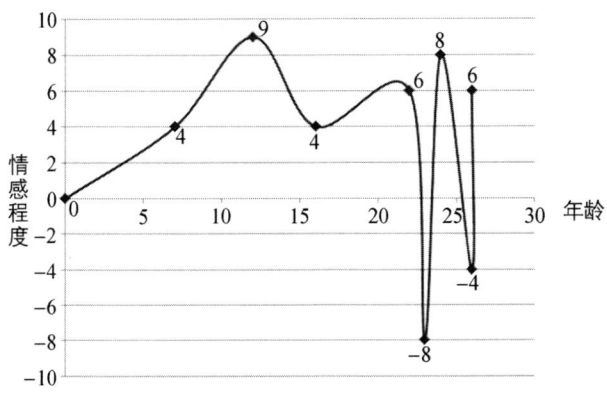

图 1　M 的生命线图

件的圆点，针对圆点进行重点深入访谈，使访谈对象能着重回忆对自己有影响的关键事件，包括该事件发生过程、感受及应对措施等。

2. 进行观察访谈

观察访谈是围绕着研究问题而进行的促使研究逐步走向深入的过程。观察力求客观，尽量悬置研究者先前已有的主观偏见，避免"先见"或"前设"对研究的干扰；访谈力求开放，使被访者在研究设计的系列开放性问题中轻松思考并回答问题。观察访谈主要是为了获取尽可能多的信息，因而研究者一方面要具有敏锐的观察力，能够捕捉有意义的事件作为所叙之事；另一方面要具有亲和力，能较快地为研究对象所接受，使访谈顺利进行（陈向明，2013）。笔者在进行观察访谈时主要抓住研究对象 M 的生命历程中的关键事件，通过 M 的聚焦叙事，获取最接近研究主题的相关信息。

对 M 的访谈主要分为三次，都是采取面对面访谈方式。第一次是在 2018 年 10 月，M 在 2018 年 9 月进入新的学校开始了她的硕士研究生生活，笔者在 2018 年国庆假期的时候与 M 一同回家，在这个过程中笔者听到 M 谈及自己的入学感悟，发现 M 在谈及自己的很多经历的时候都离不开感恩，M 自己也一直强调感恩对自己成长的重要性。所以在这个时候笔者就萌发了想要对 M 的成长历程进行进一步研究的想法，也把这个想法告诉了 M。放假回到家后，笔者去 M 家进行了访谈，这个过程中，也跟 M 的家人进行了一些访谈。第二次访谈是在 2019 年的暑假，笔者放假回家，因为笔者和 M 家离得比较近，假期笔者也到 M 家里进行了访谈，M 也把自己的一些日记、文字记录等给笔者进行参考，除此之外，笔者还对 M 的高中同学和一位和她一起准备考研的朋友进行了访谈，主要通过微信电话的方式进行。第三次访谈是在 2020 年的 4 月，就是新冠肺炎疫情期间，笔者对 M 又进行了一次访谈，也是去 M 家里，M 的家人也提供了一些资料。疫情期间，M 的假期叙事也为笔者的研究提供了支持和帮助。三次访谈期间，笔者不断地根据访谈资料进行整理和分析，期间也有断断续续的访谈，又通过微信聊天和语音电话的方式进行资料的补充和完善。

3. 整理分析资料

叙事研究离不开对所收集事件的整理分析，而整理分析资料就是与这些事件的生命进行对话的过程：每一次整理资料、阅读资料的过程，都是研究者与这些事件的相遇，都会令研究者产生对事件的新感受和新体悟，进而产生新的意义解释。整理分析资料要特别注意避免研究者原有偏见的影响。研究者要尊重事实，尊重研究对象的声音，要让资料自己说话。当然，每位研究者都会拥有自己的价值判断体系，都会有自己对事件的看法，但是，叙事研究强调的是对事件本身的分析，是基于资料事实进行的符合材料实际的分析（陈向明，2013）。笔者在分析这些访谈资料的时候，做到密切结合材料进行分析，始终牢记不脱离资料另起炉灶，或是撇开事实主观臆测。

4. 撰写研究报告

研究报告的撰写是在大量访谈工作的基础上进行的总结和归纳。它既包含研究者对所观察到的"事"的故事性描述，也包含研究者对"事"的论述性分析，两者相辅相成，构成了研究报告中细腻的情感氛围和浓郁的叙事风格（陈向明，2013）。笔者通过之前的访谈，对 M 的生命故事进行了归纳和总结，并形成了具体的研究报告。

（三）研究的信度和效度

由于 M 是笔者的好朋友，笔者在一定程度上了解 M 的过往经历，在收集资料时也能更加全面详细，更为方便。基于笔者对 M 的了解，在访谈时可能会受一些主观因素的影响，导致得到的资料不够客观。所以在后续的资料分析过程中，笔者尽量走出朋友身份，对 M 进行客观判断，对资料进行客观分析。在效度方面，运用反馈法、参与人员检验法、资料的多元交叉法等多个角度收集资料，从不同渠道收集不同类型的资料并进行整合，使这些资料能够相互支持（李晓凤，佘双好，2006）。

1. 信度分析

笔者在进行研究资料整理和分析时，通过详细、真实记录的过程，把重要信息"照葫芦画瓢"，尽量保证资料的真实性。

2. 效度分析

对效度进行检测的具体方法如下。

（1）反馈法：广泛听取同行、朋友和家人的意见，从更多的角度理解和分析研究结果。笔者在整个研究过程中不断地听取 M 的家人、朋友和同学的反馈和意见，并根据他们的反馈和意见对文本分析不断做出调整，最后 M 的家人、朋友和同学对笔者的研究结果给出了赞同的反馈，很大程度上保证了研究的客观性。

（2）参与人员检验法：将研究报告交给 M 的家人、朋友和同学，了解他们对研究结果的反应。笔者在形成研究报告后也通过该方法将其发给 M，检验自己是否误解 M 的言语和行为，在这个过程中，M 及其家人、朋友和同学都对笔者的分析和研究结果表示认同，认为笔者的研究结果较好地表达了他们的观点，从而确保了研究的有效性。

（3）资料多元交叉法：从多个角度收集资料，从不同渠道收集不同类型的资料并进行整合，使这些资料能够相互支持。笔者通过对 M 本人、M 的家人、同学、朋友进行访谈的方式进行资料的多方面收集，同时还收集了 M 的日记、成长叙事、假期叙事等文字资料，以求获得结论的最大真实度。

三、M 的生命故事

笔者通过对 M 从小学一直到现在的整个生命成长历程的关键事件进行回顾，然后将 M 不同成长阶段的关键事件进行时间节点的串联，以达到对 M 生命历程的整体性认识。

以生命线图为线索，将 M 成长历程中的关键事件在生命线图上进行标注，以此来回顾 M 的整个成长历程。M 的整个成长历程中，感恩一直贯穿其中，感恩的成长经历使 M 懂得了面对别人的帮助和恩惠一定要心存感激，懂得珍惜，在这个过程中 M 的自我效能得到开发，韧性得到了发展，并促使其保持乐观，对生活充满希望。通过对 M 的成长历程进行探讨和分析，总结出感恩者 M 的心理资本建设经历中值得参考的内容，这对于其他个体的健康成长有一定的借鉴意义。

在 M 的叙事过程中，笔者能感受到她的那种深切的感恩情感，在谈及自己顺利的经历时，她大部分时候都表达自己的幸运和知足；在谈及自己不顺利的经历时，她更多地表达对帮助她的朋友和支持她的家人的感恩。通过 M 的生命叙事，可以将她的生命故事分为知足幸运和简单快乐的童年、消极体验和懂得珍惜的青春、心存感激和期望回报的现在三个阶段。

（一）知足幸运和简单快乐的童年（7—12 岁）

7—12 岁这个阶段正是 M 上小学的时期，在这个时期她的情感从开始上学时的开心（4）逐渐转为（8），并出现了生命历程的情绪最高点，通过对 M 的了解，这大部分都与 M 的知足幸运和简单快乐的经历有关。

M 回忆道：我出生于农村，家庭并不富裕，但是非常和睦幸福。我是少数民族，纳西族，受自己民族传统文化的影响，从小耳濡目染，认为自己的所有一切都来自上天的馈赠，来自父母的养育，来自老师的教导，来自他人的帮助，所以一定要心怀感恩，懂得知恩图报，不然就会遭受惩罚。纳西族的传统文化就是"和合"的文化，作为纳西儿女，从小受自己本民族传统文化的影响，也时刻牢记要学会感恩，对别人的恩惠和帮助心存感激。我整个小学阶段的学习都很不错，我的亲戚和家人都会说我很幸运，得到了祖先们的保佑。我自己也是对我的状况很满意，很知足，每次取得好成绩我都会认为自己是个幸运的人。我觉得每天都很快乐，和同学相处得也很好，我们经常相约一起玩耍，周末还会一起去镇上玩，那时候跟父母要几块钱去镇上买好吃的就感觉可幸福了。

据邻居描述：她学习成绩最好了，经常考班里的第一名，每次拿奖状回来我们都要夸夸她。我们常常开玩笑说这个孩子过年的时候好好磕头了，得到了保佑，才这么幸运。

据母亲描述：她很听话，也很懂事，爱学习，我们做父母的不用管她的学习，每天回来都自己写作业，也不用监督。三年级参加作文竞赛获奖，她爸爸给她买了一副羽毛球拍作为奖励，她很喜欢，到现在都还留着没有扔。

谢振旺等认为知足幸运是个体对当前日常生活状况认知加工的结果，属于感恩的认知成分；简单快乐是个体从日常生活中体验快乐的能力，属于感恩的积极情感成分（谢振旺，2010）。M 在童年阶段对自己的状况知足满意，而且生活简单快乐，同时受家庭和本民族传统文化的影响，认为一定要懂得感恩，感恩自己所拥有的一切。在对自己获得的优异成绩进行归因时倾向将其归因于幸运与知足。知足幸运的心理有助于个体更好地认识自己所得到的和所拥有的事物，良好的生活状态和成功的经历有助于 M 自信的培养，从而提升自我效能。

M 对自己获得的幸运事件这样描述：除了平时的学习成绩，整个小学阶段最幸运的一件事情就是我获得了我们县上最好的初中的入学通知书。我的学习成绩一直都是很稳定，就在模考的时候还考到了全镇第一的成绩。但是正式考试的时候可能由于太紧张没有发挥好，成绩出来考了全镇第四名。当时县上最好的中学有一个招生政策，每个乡镇的前三名就能获得入学通知书。我本来是没有机会的，但是负责招生的老师看我的分数还不错就给我也发了通知书。我很高兴，也很感激老师，那个时候我觉得我真的是最幸运的人了。因为这个事情，我感触很深，也很感动，所以从拿到入学通知书的那一瞬间起，我就心存感激，也在心里暗暗下决心一定要努力学习，不辜负老师的期望，积极向上，做一个知恩懂恩的人。

M的爸爸说：拿到通知书她很高兴，她觉得自己很幸运，那天我们两个拿了通知书回来，因为刚好是火把节我家请客，家里很多人，大家知道了都说她运气好，遇到了好老师，可能换做其他人就不一定能拿到了。她自己也说要好好学习来回报老师。但是孩子本来平时学习也好的，这也算是她自己的努力得来的吧。

M在日记中写道：今天我很高兴，我觉得自己太幸运了，但是我知道我一定要努力学习，这样才对得起老师和关心我的人。

在这个阶段M经历了知足幸运和简单快乐的童年，她对自己的状况知足，这样的经历使M获得了良好的自我效能，对自己的学习生活充满自信。在这期间，M由于自己的知足和幸运而心存感激，也因为这样，她怀着感恩之心努力学习，听话懂事，这样的状态使她的自我效能得到了很好的开发。班杜拉早在1977年就提出自我效能理论，而个体成败经验是影响自我效能的重要因素之一。通常情况下，成功经验能提高个体的自我效能感（易靓，2017）。M在这期间学习成绩优异，学习上的成功经验让她获得了自我效能的提升。

幸运拿到入学通知书的事情让M的感恩情感进一步得到了升华，"那个时候我觉得我是最幸运的人了"，她感恩老师对她的信任，感恩爸爸的陪伴。这种感恩的情感让 M 对自己的进一步学习有所期待，下定决心入学后一定要努力学习，不辜负老师对自己的期望。社会认知理论认为自我效能感主要有四个来源：社会说服、心理状态、间接经验和成功体验。社会说服是指来自他人的口头说服或激励（如鼓励、表扬、赞许、奖励等）确认了个体具有完成任务的能力（张勇，龙立荣，2013）。老师的激励和父母亲戚的赞许以及他们对自己的期待都让 M 获得了自我效能的提升。

（二）消极体验和懂得珍惜的青春（13—23 岁）

这一阶段属于 M 的初中、高中、大学的生活。这一阶段 M 的情绪经历了从开心（4）到消沉（-8）最后又转为（8）的过程。这主要与其中的几个关键事件和选择有关。

谢振旺等人认为消极体验是个体感恩时体验消极情绪的阈限大小及水平高低，属于感恩的消极情感成分；珍惜是个体接受恩惠后对生活的珍惜和热爱，属于感恩的行为成分（谢振旺，2010）。

M 回忆道：我初中的学习生活很顺利，我也很满意，因为幸运拿到入学通知书，所以我一直都是怀着感恩的心努力学习，中考也获得了很不错的成绩进了市里最好的高中进行学习。进入高中，我很幸运获得了娄老师的资助。这个资助项目更多的是一种关怀和交流，也教会了我感恩。资助我们的老师是以前从我们学校毕业的学生，后来在美国发展，因为对学校有着深厚的感情，也因为对自己的家乡有着深厚的感情，所以在我们学校设了这个资助项目。娄老师每个学期会见我们一次，每次见面老师都是让我们去她的老家，是古城的一个老房子，住着管理房子的人，也是娄老师的学生，因为回到古城工作，老师就让她住到自己的家里，顺便照看房屋。每次到了那里，娄老师都让我们把那当作自己的家，我们先是坐着聊天，娄老师关怀我们的健康成长，总是询问我们的点点滴滴，让我们觉得很温暖，很感动。聊天一直持续到差不多中午的时候，娄老师就开始带着我们一起做饭，老师亲自下厨，我们帮忙拣菜洗菜，直到做好饭菜，所有人又围着一起吃，跟家人一样，温馨而幸福。高中三年我都接受了娄老师的资助，但是除了物质上的资助，更让我感动的是娄老师对我们如亲人一般的关怀。老师说我们一定要有感恩之心，学会感恩父母，感恩学校，感恩老师，感恩同学朋友，感恩所有帮助过自己的人。老师还说她就是因为对之前培育过她的学校和老师怀有感恩之心，才会回来报答自己的母校，想用自己的微薄之力帮助母校中需要帮助的学生，让他们更好地成长和发展。娄老师教会了我要懂得感恩，学会感恩。

M在日记中写道：我好喜欢娄老师，感觉娄老师身上有种不能用言语表达的气质，原来一个懂得感恩的成功女性是这样的美丽。娄老师用自己的行为教我们要做一个懂得感恩的人，学会感恩自己身边的人。娄老师是我最好的榜样。

初高中的经历让M学会了珍惜，热爱生活，积极向上。初中的入学通知书让M知道了珍惜，她知道自己应该珍惜老师对她的肯定和信任，高中的资助名额让M懂得了回馈感恩。

整个本科阶段，M的学习生活也是比较顺利，情绪状态也较好。但是本科毕业那年由于考研失败，让M的情绪转向了最消沉的状态。M回忆道：在我本科毕业后的那一年是我成长历程中最为艰难的一年，记得当时由于第一次考研没有成功，我在面临就业还是继续考研的选择上，犹豫不决，后来在家人的支持下决定再次考研，但是家里各种亲朋好友的各种询问和评价让我感觉压力很大，所以决定离开家出来复习。当时是选择离自己的本科学校很近的地方，租了房间，每天自己看书。但是渐渐的，我变得封闭，情绪波动非常大，也不愿意出门，别人的评判让我觉得压力非常大，也产生自我怀疑，到底该不该坚持？到底该怎么办？每天花了时间但是我觉得自己什么也没有学进去。每次自己做题几乎都是错的，我越来越觉得自己不行，感觉就是学不会。后来我发现我的强迫症越来越明显，每天都要把房间擦得干干净净，每个角落都要干净整洁，出门一遍遍地检查门锁……我的状态越来越不好，打电话回家经常哭，当时家人很担心，一直让我回去，但是我又固执不听。直到一次放假的时候我的一个好朋友来找我，她是我初中就一起玩的朋友，当时就是约了一起考研，她一次就顺利考上了而我没有成功。她来找我的时候就发现了我的异常，说我的状态太糟了，不能再继续这样下去，她就建议我和她一起来她学校这边，到时候在她们学校附近找个房间，平时就去她们图书馆看书。当时我很犹豫，但是在她的坚持下我还是和她一起来了她的学校这边。后面和她一起去图书馆，也认识了两个一起考研的小伙伴，状态也就慢慢调整过来了。整个过程，我很感恩我的家人，总是无条件地支持我，关心我，我也很感恩我的这个朋友，在我迷茫艰难的时候开导我，并和我一起度过，带我走出自己的封闭空间。

M的朋友说：第二次考研备考的时候，我去找过她一次，我和她待在一起的那几天，我发现她整个人都变了，状态非常不好，感觉很消沉，不爱说话，强迫症也很明显，也很敏感。因为之前她不是这样的，我很担心她，也和她家里联系问了情况。她妈妈说她们也很担心，让她回家，但是她不肯。所以我决定让她和我一起去我的学校那边复习，想让她换个环境，而不是在这样自我封闭的环境下学习。一开始她很犹豫，但是我说了很多，一直开导她，后面她才同意。后面慢慢地她的状态也调整过来了。

M在日记中写道：这段时间我不知道自己是怎么过来的，感觉迷失了原来的自己，每天都好难受，好煎熬，每天都在内疚和痛苦中度过。我最爱的家人，我对不起你们，让你们担心，跟我一起难过。谢谢小雨，在我最困难的时候帮助了我，我会永远记得这份好。谢谢一直无条件关心我的家人，这段时间可能是我最让你们担心的时候，谢谢你们对我的包容和支持。以后我一定会调整好自己的情绪，不让你们担心。

抑郁是人类心理失调最主要和最经常出现的问题之一，是每个个体在其生命历程中都会或多或少感受到的一种情绪。由于考研失败，M 的情绪陷入了最低点，消极体验占据了她的大部分情绪体验。这和很多因素有关，在这期间，M 处于一种抑郁心境，情绪低落，兴趣降低，高兴不起来，其抑郁情绪体现为一种相对持久的忧郁心境。有研究证明神经性抑郁症主要是外源性的，由环境—认知因素引起。神经性抑郁症常常伴有焦虑，这是由于环境对个体的压力引起的应激所导致的。当个体感到对自己所处的情境不能加以改变或控制时，焦虑就会转化为抑郁，从而形成神经性抑郁症（魏义梅，2007）。"别人的评判让我觉得压力非常大，也产生自我怀疑，到底该不该坚持？到底该怎么办？"外界环境给 M 带来了巨大的压力，朋友的评判使她觉得内疚，也和 M 的认知偏差有关，因为太在意别人的评判而使自己陷入焦虑之中。由于学习效率低，感觉自己学不会，M 对自己产生了自我怀疑，认为自己是无助的。1975 年，塞里格曼（M. SeligMan）首次将动物无助感实验的结果用于人类抑郁的解释，形成了最初的习得性无助理论。其基本观点是：当一个个体发现自己无论作什么努力都无法控制环境中发生的事件时，就会认为自己是无助的，继而产生抑郁，并丧失行动的动机。"每天花了时间但是我觉得自己什么也没有学进去。每次自己做题几乎都是错的，我越来越觉得自己不行，感觉就是学不会。"在这个过程中，M 产生了无助感。这种无助感也促使了 M 的情绪陷入消沉状态，处于抑郁的边缘。

在这一阶段，M 通过消极体验的消除的过程获得了韧性的发展。考研的失败虽然使 M 陷入持续的忧郁心境中，但是这些消极体验并没有一直占据 M 的学习生活。由于 M 得到了自己好朋友的帮助，她怀着感恩之心克服了这些消极情绪，使自己更加坚强和乐观，并拥有了良好的韧性。"谢谢小雨，在我最困难的时候帮助了我，谢谢一直无条件关心我的家人，这段时间可能是我最让你们担心的时候，谢谢你们对我的包容和支持。""以后我一定会调整好自己的情绪,不让你们担心。"这体现了感恩情感在 M 克服挫折的过程中起着重要作用。

(三) 心存感激和期望回报的现在 (24—26 岁)

这一阶段包括 M 考研成功一直到现在的经历。这一阶段 M 的情绪经历了从 (8) 到低迷 (-4) 最后又转为 (6) 的过程。这主要与这段经历中的几个关键事件有关。

在本科毕业后的第二年,M 的情绪达到了最高点 (8),这与她享受了少数民族加分政策考研成功的经历有关。

M 描述道:我经历了两次考研,整个备考的过程也让我感触颇深,最后我享受了少数民族加分政策,考上了自己喜欢的专业,进了非常好的师门,选到了自己非常喜欢和崇拜的老师。老师不管在学术还是做人做事方面都是我最好的榜样,学识广博、谦和儒雅的老师永远是我最尊敬崇拜喜爱的人。我也遇到了我的两位师姐,总是不厌其烦地教我怎么做学问,怎么做人做事。这一切都让我觉得自己是多么幸运,都让我时刻提醒自己一定要心怀感恩,做一个积极向上的人,懂得知恩图报,用自己的一点一滴来回报自己的老师、师姐,回报那些帮助过自己的人。

M 的朋友说:她现在也考研成功了,感觉她很开心,也很珍惜。因为她一直跟我说觉得自己能得到这个入学机会还是很不容易,在这期间也让家人担心了,也给我添了麻烦,现在自己又享受了少数民族加分政策才能顺利入学。我们见面也觉得她的状态越来越好了。

M 的姐姐道:读研以后感觉妹妹很满足,毕竟这也是她一直向往的学习生活。比起去年备考那段时间真的是好太多了,我也替她高兴。

在中国文化背景下,当学生发展出对社会(祖国)和他人(父母、老师、朋友）的感恩、体验到感激的情绪时，高感恩水平与低感恩水平学生相比，更愿意回报社会和他人，这种情况下，拥有丰富积极心理资源的学生，更能够很好地控制自身行为，使其与社会期望一致，从而获得更好的学业成就，以达到回报社会和他人的目的（陈秀珠，李怀玉，陈俊，杨静宇，黄莉君，2019）。回报行为是个体在接受帮助后对他人、社会做出回报的行为，属于感恩的行为成分（谢振旺，2010）。本文根据这一定义，认为回报是指个体接受帮助后对他人做出的回报行为或一种想要回报的思想意识。现在 M 如愿进入了硕士研究生阶段进行学习，她感恩能享受少数民族加分政策，感恩进入了非常好的师门，这种感恩情感不仅伴随她乐观的生活，还促使她对未来充满希望。同时，她对帮助她的家人朋友心存感激，并意识到应该懂得知恩图报，并且决心用自己的行为来回报帮助自己的人。"这一切都让我觉得自己是多么幸运，都让我时刻提醒自己一定要心怀感恩，做一个积极向上的人，懂得知恩图报，用自己的一点一滴来回报自己的老师、师姐，回报那些帮助过自己的人。"这体现了 M 的一种回报意识。

M 的情绪转向低迷状态是因为受到这次新冠肺炎疫情的影响。但是 M 很快就自己调整过来，情绪状态也不像以前一样会处于消沉的状态。根据 M 的回忆和叙述，情绪的快速恢复离不开她的感恩品质。

M 回忆道：真没想到我居然亲身经历了这样的事情，可能由于自身性格原因，我本来很不喜欢看医学类影视作品，因为里面的病痛和生死离别场面都会让我沉浸在悲伤的情绪中。可看到很多同学朋友都在说这样的疫情事件不是在电视剧里才会发生吗？这是电视里的预言被证实了吗？可能这也正体现了影视源于生活这样的说法。以前总觉得这样的传染病是虚幻的，离我们很远，但是这次疫情也给我们每个人都好好上了一课。此次疫情，让我们每个人都对生命有了更深刻的认识，那些一线的工作人员，包括这次抗疫期间的所有的工作人员都是最伟大的，他们用自己的付出感动和温暖了我们所有人，而我们每个人能做的，就是积极配合，并做好个人防护。我们也应该从这次疫情中认真反思，学会一些东西。面对疫情，曾感觉到很恐惧，很无助，也很害怕。也有一段时间处于焦虑状态，经常感到烦躁不安。但是后面在家人的陪伴下情绪又渐渐变得平稳。我想除了家人的陪伴，最重要的就是对国家的感恩之情，这种感恩使我的情绪很快又恢复。

M 的妈妈说：这个假期是她在家最长的一个假期了，有几天她的情绪不太好，不太说话，我想她可能在烦恼学习吧，因为在家总会做一些家务，她不能安心看书。可是也就是两三天吧，其他时候她都很乐观。现在出了这个病（疫情），她经常跟我们讲一些疫情方面的知识，说现在国家那么好，只要我们都积极配合，相信会好的，让我们不用那么害怕。要出门了也总会提醒我们戴口罩，特别她爸爸不爱戴口罩，她都不依，必须要戴上才准出去。

M 在日记中描述：整个疫情期间，我感受到了国家政府对人民百姓的关心，我们每天除了通过各种网络渠道，还通过新闻报道和村委会的双语广播以及相关工作人员的宣传工作，意识到了此次疫情的严重性，也深刻地认识到国家那么关心我们，现在国家有难，自然不能给国家添乱，要好好待在家里，不到处乱跑。也正是出于这样的感恩之心，村民们都自觉捐款，献出了自己的爱心，为的是能给灾区的人们送去一份温暖。村里封村消毒的那几天，坚守岗位的防疫工作人员，每天在自己的工作岗位上兢兢业业，不辞辛苦。我相信不久的将来我们就可以战胜疫情，恢复正常生活。

在指向未来预期时，希望和乐观被认为是一种人格特质，希望和乐观的共同成分是对未来目标的信念，希望和乐观使人对预期结果产生一种信心感，并进一步产生有关特定目标的积极思维，进而产生更大的动机和更多的积极情绪，因此更可能实现目标。在各种生活领域中，不仅需要用乐观来维持积极的情感应对，更需要用希望维持对实现目标的动力和坚持性（肖倩，吕厚超，华生旭，2013）。面对这次疫情，M 也曾经被焦虑困扰，情绪也曾低迷过，但是她积极应对疫情，感恩国家，感恩所有为疫情付出的工作人员，对战胜疫情充满信心，同时对未来充满希望，所以情绪状态也没有出现持续低迷和消沉的状态，很快就恢复正常状态。

四、M 感恩的生命历程中心理资本建设状况及经历分析

Luthans 等人（2008）认为，心理资本由自信或自我效能感、希望、乐观和韧性四种积极心理状态构成，从而提出心理资本建设理论模型。通过对 M 的感恩经历和心理资本建设进行分析，发现个体 M 的感恩经历从自我效能、韧性、乐观和希望几个方面展现了其心理资本的建设过程，和心理资本建设理论模型相吻合。谢振旺（2010）提出感恩特质包括认知成分、情感体验成分和行为成分，感恩包括知足幸运、简单快乐、消极体验、珍惜和回报五个方面的心理资源。中华民族自古以来就倡导感恩教育，"羊跪乳，鸦反哺" "滴水之恩，涌泉相报"等古训不仅教育了一代又一代的中华儿女，更成为做人的基本准则（张利燕，侯小花，2010）。感恩一直贯穿 M 的整个成长历程，从小考幸运获得入学通知书，中学获得资助，考研失败获得朋友帮助和家人支持，获得少数民族加分政策考研成功，疫情期间积极应对，一直到现在，整个历程中感恩都伴随着 M，她感恩祖国，感恩家人，感恩朋友，感恩老师，感恩她所拥有的一切。M 的感恩经历促使其心理资本得到了良好的发展，而良好的心理资本使 M 更好地应对挫折，在困难面前更加坚韧不拔，也使 M 自信乐观，对未来充满希望。笔者通过 M 的生命叙事资料，对 M 感恩的生命历程中心理资本建设状况进行了总结和归纳，并从感恩认知促进自我效能开发、感恩情感提升韧性水平和感恩行为培养乐观和希望品质几个方面对 M 生命历程中感恩促进心理资本的经历进行总结。

（一）感恩认知促进自我效能开发

自我效能感是指个体在特定情境中对自己某种行为能力的自信程度，即自己在面临某一具体的活动任务时，是否相信自己或在多大程度上相信自己有足够的能力去完成该活动任务（王艳喜，雷万胜，2006）。

M 这样描述：因为我自己喜欢学习，那个时候学习成绩也很好，老师信任我，同学也说我厉害，所以我也很自信。我会积极参加学校组织的活动，也相信自己可以做好。我代表学校去镇里参加过演讲比赛，拿了二等奖，也参加过作文竞赛，拿了三等奖。

M 在日记中写道：今天参加演讲比赛一开始我很紧张，但是我上台之前老师们都跟我说不用紧张，他们相信我，我带着老师的期待和鼓励上台。演讲完我下台的时候看到曾老师笑着看着我，还给我竖了大拇指，我很开心，也很激动。

M 的朋友描述：她学习好，老师同学们都喜欢她。但是她总说自己很幸运，其实她也很努力。她很容易满足，学校发奖品会发作业本，有时候她会分给我们，因为她总是得奖就有很多作业本。

M 童年时期的感受是知足幸运和简单快乐的，在这个阶段她对自己的一切都很满意，也很感恩自己得到和拥有的一切。她提道："认为自己的所有一切都来自上天的馈赠，来自父母的养育，来自老师的教导，来自他人的帮助，所以一定要心怀感恩，懂得知恩图报，不然就会遭受惩罚。"这体现了 M 从小有知恩的品质，对感恩的认知使 M 用积极乐观的态度对待学习和生活，从而健康快乐地成长。M 的学习成绩优异，获得了老师家长和同学的肯定，M 通过学业上的成功经验使自己的自我效能得到了开发。卡耐基曾说："人的自信与科学的行为相结合，是事业成功、人生快乐的基础。"自信是个体对自己的积极肯定和确认程度，是对自身能力、价值等做出正向认知与评价的一种相对稳定的人格特征。它是个体自我意识的重要组成部分（许锦雄，凌文辁，2009）。这种自信正是心理学上的自我效能。M的童年成长经历体现了其自我效能的发展。通过M的成长经历我们可以看出自我效能的开发是个体心理资本建设的重要方面，而成败经验是影响自我效能开发的重要方面，学业上的成功经验会促使个体获得更好的自我效能。除此之外，言语劝说同样在自我效能开发中发挥重要作用。父母老师的肯定和赞许及其期望都有助于个体自我效能的提升。

成就动机理论（Bono & Froh，2009）指出感恩可激发目标奋斗和追求，高感恩水平与低感恩水平学生相比，更能够怀着一颗感恩之心和谦虚之心，坚持不懈地向自己的目标迈进，因而他们的学习或生活目标一般比较明确，成就动机水平也相应较高（陈秀珠，2019）。因此，高感恩水平的个体在拥有丰富的积极心理资源的情况下，更能为取得更好的成绩而监控、抑制、坚持和调整自身行为和情感、更努力地学习（Duckworth，Gendler & Gross，2014），亦即高感恩个体的心理资本更能促进其自我控制能力，最终使其取得更高水平的学业成就。由于M的学习成绩优异，又得到老师同学的认可，所以M的自我效能得到了有效开发和发展。同时，感恩品质也促使M怀着一颗感恩之心更加努力学习，从而取得更好的学业成就，强化和保持良好的自我效能感。

（二）感恩情感提升韧性水平

心理韧性（resilience）是个人面对生活逆境、创伤、悲剧、威胁或其他生活重大压力时的良好适应，它意味着面对生活压力和挫折的"反弹能力"（胡月琴，甘怡群，2008）。Hunter和Chandler（1999）提出了心理韧性的层次模型，认为心理韧性本身是具有层次性的，并不是纯粹意义上的完美状态，具备最低层面心理韧性的个体通过暴力和侵犯来保护自我，中间层面的个体通过拒绝和防御，高级层面的个体则是积极调动资源灵活处理压力。Olsson 等（2003）的一篇综述整理了研究心理韧性影响因素的众多报告，将之归为个人能力和人格特质、家庭支持系统和社会支持系统三类。

M 这样描述：我从小学到读研之前遇到过让我最痛苦难过的事情是本科毕业第一年的考研失败，那是我的情绪最低落的时期，已经到了抑郁的边缘，但是多亏了我的好朋友和家人的帮助和支持，让我克服了困难，从低落消沉的情绪状态中走出来。通过这样的经历，我觉得自己变得更加坚强了。

M 的妈妈说：孩子最让我们担心的就是考研没有考上的那段时间，她还从来没有这样过，还好有她好朋友的帮助，后面慢慢又好了。现在她很懂事，不让我们担心。

M 的姐姐说：妹妹就是自己备考的那段时间状态很不好，家里很担心，几乎每天都要打电话开视频看到她好好的才放心。好几次让她回来她都不肯，后面家里商量着让我去陪她几天，如果可以就把她接回来。还好后面她的那个朋友帮助了她，让她慢慢调整过来。

在 M 最困难的时期，朋友的帮助和家人的支持让她的韧性水平得到了提升。韧性不是天才独有的特质，也不像某种心理高峰体验那样可望而不可即，每个人天生就具有一定的韧性潜能，因此可以通过许多途径去挖掘和提高韧性。许多临床实践表明，提高韧性的关键在于，把握好个人品质、家庭支持及外部环境支持系统这三种资源之间的最佳匹配（于肖楠，张建新，2003）。对于 M 来说，她的韧性得以发展可能更大程度上得益于好朋友的帮助和家人的支持，加上她自己的感恩品质，让她从这样的经历中获得成长。在这个过程中，M 体悟到了更深层次的关系、信念和期望。体悟到家人和朋友对自己的期望，从而用自身信念和行为克服困难，走出困境。这些也体现了 Hunter 和 Chandler 提出的心理韧性的层次模型中的积极调动资源灵活处理压力层面，M 通过自身调整和外界帮助克服了压力，走出了困境。

M 的成长历程中考研失败的经历使 M 的情绪由开始的开心转向消沉，情绪落到了最低点。在这期间，朋友的帮助是 M 走出低落情绪的最关键因素，但是除此之外，M 自身的韧性发展也是其克服低落情绪的一个重要因素。从心理学意义上来看，韧性不仅意味着个体能在重大创伤或应激之后恢复最初状态，在压力的威胁下能够顽强持久、坚韧不拔，更强调个体在挫折后的成长和新生。这种能力会随时间而发生变化，并能通过个体及环境中的保护性因素而得到提高（于肖楠，张建新，2003）。在 M 的成长经历中，感恩品质、家人的支持和朋友的帮助都促使她的韧性得到了发展。在这个过程中，M 不仅克服了困难，还从困难经历中获得了成长，并且在复原的过程中找到自己生命的意义和价值，更进一步明确了自己的目标，对未来充满希望。

从 M 的成长经历中我们可以看到培养韧性并不仅靠个体自身的力量，还依靠家庭和外部环境的支持。提高韧性的关键在于，把握好个人品质、家庭支持及外部环境支持系统这三种资源之间的最佳匹配。M 的韧性发展也离不开她的感恩品质及其家人朋友的帮助和支持。M 在其消极体验中感受到了家人和朋友的帮助，并从内心深处感恩他们："谢谢小雨对我的帮助。""整个过程，我很感恩我的家人，总是无条件地支持我，关心我，我也很感恩我的这个朋友，在我迷茫艰难的时候开导我，并和我一起度过，带我走出自己的封闭空间。"面对疫情灾难，M 的韧性水平处于良好状态，这同样离不开她对国家的感恩，对抗疫人员的感恩。这种感恩情感使 M 的情绪得到了好的调整。"我感受到了国家政府对人民百姓的关心。""可以深切地体会到对国家的感恩和对战胜疫情的信心。"这种感恩情感促使 M 克服消极情绪，很快走出低落情绪。

（三）感恩行为培养乐观和希望品质

李朝霞、宋莉莉（2017）研究发现心理资本的希望维度和乐观维度与感恩之间存在密切的相关。乐观的个体会积极地对待生活，相信自己的能力，觉得生活很美好，对未来充满信心，倾向积极的行为，从而做出更多的感恩行为。

通过 M 的成长经历可知，她知道遇到事情应该保持乐观的心态。只有保持乐观，才能拥有良好的情绪状态，所以遇到事情的时候她会积极应对。心理学家把乐观定义为一种做积极结果预期和积极因果归因的认知特性。乐观的理论核心是个人对未来事件的积极期望，相信事件的好结果更有可能发生，表现为一种积极的解释风格，在压力情境下，乐观是调节心理健康和身体健康的一种重要的内部资源，在压力情境下乐观者和悲观者采用了不同的策略来应对他们所面临的问题，乐观者使用积极的应对策略，如对事件进行积极的重新建构，努力从事件中寻求收获和成长，使用幽默感等策略来接纳现实，而悲观者更可能采用分心和否认的策略（温娟娟，2007）。M 在自己成长的悲观经历中寻求收获和成长，知道了悲观的情绪和消极的归因会使她的情绪陷入低落状态，从她克服困境的成功经历中学习和建立经验优势，她知道下次再遇到类似的情况一定要改变以前的消极应对方式。通过 M 的经历，我们可以看到积极归因是乐观品质塑造的重要方面，只有将消极事件归因于外部的、不稳定的、具体的原因，并认为通过自己的努力一定能战胜困难，最终取得成功，这样才能促使个体从成功经历中学习和建立经验优势，成为一个乐观的人。

希望是一个常见的日常用词。它不仅反映了个体达成目标的决心，也包括个体对自己能够制定完美的计划和确定达成目标的有效途径的一种信心（许锦雄，凌文辁，2009）。培养希望品质主要包括三种方法：宽容过去，即学会重新组织和接受自己过去的失败、错误和挫折；欣赏现在，即感激和满足当前生活中积极的一面；为将来的进步和发展寻找机会，即将未来的不确定性视为发展和取得进步的机会，并采取积极、欢迎的和自信的态度来应对（仲理峰，

2007）。M的整个成长历程中，成为一名教师的梦想一直伴随着她，虽然之前考研失败了，但是她能接受自己的失败，继续坚持。这次的新冠肺炎疫情让她对教师这个职业有了更深的理解，也更加坚定了自己的梦想，因为有了明确的目标，她对自己的未来充满希望。

M描述：我一直以来的梦想就是当一名老师，我有两次考研的经历，两次都是考的教育学。虽然第一次考研失败了，但是我还是没有放弃这个专业，也没有忘记自己的梦想。现在我正在自己喜欢的教育学专业学习，我相信通过自己的努力我会实现自己的梦想。高中阶段我获得了娄老师的资助，她给了我很多关怀和爱，也教育我要懂得感恩，等自己有能力了也要向有需要的人伸出援助之手，用自己的爱温暖别人。我不知道自己的未来如何，但我一定会是一个温暖的人，如果我能如愿成为一名老师，我一定会关爱学生，做好教书育人的本职工作。读研以后我顺利通过了教师资格证考试，我想离我的梦想又近了一步。之后，我也会继续努力，一步步朝着自己的梦想靠近。

M在日记中写道：这次疫情让我深深体会到了教师这个职业的伟大，疫情面前，各个学校的老师积极开展线上教学，做到延学不停教，停课不停学。很多高校在班主任和辅导员的带领下组织网络主题班会开展疫情防控爱国主义教育，真正做到开学延期，学生思想教育不延期。前两天我观看学习了"全国大学生同上一堂疫情防控思政大课"内容，深受启发和感动。我听到了防疫战疫一线的感人故事，深切感受到了中国共产党领导和中国特色社会主义制度的显著优势，也读懂了我们年轻一代的青春，一个个破茧成蝶的报国故事深深地感化了我，更加明白了我们要学会将小我融入大我，矢志不渝地将自己的青春奉献于祖国。希望以后自己也能实现自己的教师梦，融入这个伟大的职业中，并贡献自己的一分力量。

M的姐姐说：记得3月9号那天下午妹妹说她要听一堂有关疫情防控的思政课，让我跟她一起观看，我想着反正也闲着就跟她一起看看吧，可能是因为观看的人太多了，课程开始直播了差不多半个小时才能流畅地观看。在这之前，我看妹妹很急切又很渴望地想要观看，一直在试不同的浏览器，用不同的 APP 打开，我告诉她后面就看录播吧，但她还在坚持。后面她看得很认真，看完也在写自己的感悟。记得她跟我说，她又一次体会到了祖国的伟大，我们是幸福的，虽然发生了疫情，但是可以每天和家人在一起，甚至什么都不做，但是那些抗疫的一线人员，每天那么辛苦，那些失去亲人的人该有多难过啊。所以我们应该知足，一定要保持乐观和感恩，因为我们是幸运的也是幸福的。

M 在高中阶段遇到了给她提供资助的娄老师，娄老师的爱与关怀让她对未来充满希望，她期待自己能像娄老师一样用爱来温暖他人。M 的梦想是成为一名教师，这次疫情让 M 进一步明确了自己的梦想，并决心继续通过努力向梦想靠近。Miller 和 Powers 从希望的本质和词源学的角度，将希望定义为一系列对美好状态或事物的预期和描绘，一种可以自我提升或者从困境中释放的感觉。这种美好预期不一定要建立在某个具体的事物和现实的目标之上。因此，希望感是一种对未来以相互关系为基础的美好预期，是一种自己可以胜任和应对某事的能力感，一种心理和精神上的满意度，一种对生活的目的感、意义感的体验（徐强，2010）。M 感激和满足当前生活中积极的一面，期待通过自己的努力实现梦想，所以心怀希望。个体在培养希望品质时，同样需要学会感恩，感激自己当前所拥有的积极面，除此之外还需要个体对未来有美好的预期，从而进行自我提升。"娄老师用自己的行为教我们要做一个懂得感恩的人，学会感恩自己身边的人。""时刻提醒自己一定要心怀感恩，做一个积极向上的人，懂得知恩图报。""希望以后自己也能实现自己的教师梦，融入这个伟大的职业中，并贡献自己的一分力量。"这种珍惜和回报意识属于感恩的行为成分，促使 M 希望品质的培养。

五、小结

（一）结论

本文通过感恩者心理资本发展的叙事研究，从质性研究的角度得出强化个体的感恩特质可以提升其心理资本的结论。而以往的量化研究主要是验证了感恩和心理资本之间的正相关关系，得出拥有更好的心理资本的个体具有更高的感恩水平，心理资本水平越高，感恩水平也越高，提升个体心理资本可以强化他们的感恩特质的结论。感恩和心理资本都对个体的健康成长起着至关重要的作用。个体的心理资本建设可以从开发自我效能、提升韧性水平、塑造乐观人格和培养希望品质几个方面进行。感恩品质对个体的心理资本建设起着积极的促进作用。M作为一名感恩者，通过感恩经历，她的心理资本得到了较好的提升，使其自我效能、韧性、乐观和希望得到开发和发展，从而得到了健康的成长，学会了积极应对成长过程中的困难和挫折。个体的成长历程难免会遇到一些困难和挫折，会得到别人的帮助，作为接受帮助的个体应该学会感恩，而这份感恩会促使个体的积极心理资本建设，从而更好地应对成长历程中的困难和挫折。从这个角度来说，本研究具有一定的价值，对个体感恩特质的培育和健康成长都具有一定的借鉴意义。

（二）创新与不足

现阶段对感恩和心理资本建设的研究大多是从量化研究的角度进行，本文从质性研究的角度对个案进行分析，具有一定的新意。感恩和心理资本建设都是积极心理学关注的方面，对个体的心理健康具有重要意义，本研究对个体的健康成长具有一定的参考价值。

在量的研究中,"推论"是一个不言自明的概念,它指的是用概率抽样的方法抽取一定的样本量进行调查以后,将所获得的研究结果推论到从中抽样的总体。但是本文采用的是叙事分析的质性研究方法,不采用概率抽样的方法,其研究结果不能由样本推论总体。本文采用"目的性抽样原则"抽取个案进行研究,因此,这种研究的结果不能按照量的研究的定义来进行推论。研究结果只适用于被研究者,并不能推论到懂得感恩的其他个体。质的研究者始终处于一种两难的境地:一方面希望自己的研究是"真实可靠的",有一定的"确定性"和"确切性";另一方面又会受到很多因素的影响。而质性研究中研究者作为研究工具成为研究过程的一部分,研究者是观察者、会谈者、解释者,因此不可避免地有主观偏差。本研究中研究者和被研究者是非常好的朋友,这种特殊关系可能也会对研究的真实性产生一定的影响。收集的资料可能不是很全面,因此感恩个体的心理资本建设情况还需要更多学者的关注和研究来进一步完善。

参考文献

陈向明（2000）. 质的研究方法与社会科学研究. 北京：教育科学出版社.

陈向明（2013）. 教育研究方法. 北京：教育科学出版社.

陈秀珠，李怀玉，陈俊，杨静宇，黄莉君（2019）. 初中生心理资本与学业成就的关系：自我控制的中介效应与感恩的调节效应. 心理发展与教育，35（1），76－84.

崔丹丹（2016）. 大学生感恩与心理资本的关系及其教育对策研究. 硕士学位论文，广西师范大学马克思主义学院，桂林.

傅俏俏（2018）. 贫困大学生心理资本与亲社会行为的关系——感恩的中介作用. 莆田学院学报，25（6），39－44.

郭佩佩，高金敏，叶俊，程德琴（2020）. 上海某高校大学生感恩在生命意义感与新型冠状病毒肺炎疫情下心理应激反应之间的中介作用. 医学与社会，33（5），111－114.

胡羽航（2019）. 感恩教育与心理学中感恩的相关研究综述. 农家参谋，（5），188－189.

胡月琴，甘怡群（2008）. 青少年心理韧性量表的编制和效度验证. 心理学报，（8），902－912.

李朝霞，宋莉莉（2017，10月）. 大学生心理资本与感恩的相关研究. 智能信息技术应用学会. 2017 4th International Conference on EconoMic, Business ManageMent and Education Innovation（EBMEI 2017），摩洛哥卡萨布兰卡.

李涛，刘礼艳，刘电芝（2015）. 世界级水平冠军运动员的心理韧性要素分析及其相互关系. 体育与科学，36（3），98－107.

李晓凤，佘双好（2006）. 质性研究方法. 武汉：武汉大学出版社.

刘可，颜君，张美芬（2003）. 质性研究和量性研究的区别. 中华护理杂志，（1），69－70.

马征（2020）. 高中生特质感恩对学业成就的影响机制：学业自我效能感和学业投入的中介作用. 中小学心理健康教育，（6），14－20.

宋莉莉，卢家楣（2018，11月）. 大学生心理资本与感恩的关系：核心自我评价的中介作用. 中国心理学会. 第二十一届全国心理学学术会议, 北京.

王晓宁（2018）. 基于心理资本开发的大学生心理健康教育课程建设. 吉林化工学院学报, 35（12）, 96-99.

王艳喜, 雷万胜（2006）. 自我效能感研究综述. 当代经理人, （4）, 106-108.

王雁飞, 朱瑜（2007）. 心理资本理论与相关研究进展. 外国经济与管理, 29（5）, 32-39.

魏义梅（2007）. 大学生抑郁的心理社会机制及认知应对干预. 博士学位论文, 吉林大学, 长春.

温娟娟, 等（2007）. 国外乐观研究述评. 心理科学进展, 15（1）.

肖梦洁（2020）. 少数民族地区贫困大学生感恩与心理弹性的关系. 国际公关, （6）, 42-43.

肖倩, 吕厚超, 华生旭（2013）. 希望和乐观——两种未来指向的积极预期. 心理科学, 36（6）, 1504-1509.

谢振旺（2010）. 大学生感恩特质的量表及实验研究. 硕士学位论文, 福建师范大学, 福州.

徐强（2010）. 大学生希望感与心理健康的关系. 中国健康心理学杂志, （2）. Snyder（2002）.

许锦雄, 凌文辁（2009）. 心理资本及其开发述评. 经济论坛, （19）.

易靓（2017）. 自我效能感理论综述. 佳木斯职业学院学报, （9）, 218-219.

于肖楠, 张建新（2003）. 韧性（resilience）——在压力下复原和成长的心理机制. 心理科学进展, （5）, 658-665.

张利燕, 侯小花（2010）. 感恩：概念、测量及其相关研究. 心理科学, 33（2）, 393-395.

张晓彤, 刘彦慧, 袁春燕, 等（2013）. 护理本科生积极心理资本与感恩特质的关系研究. 护理研究, 27（27）, 2970-2972.

张勇, 龙立荣（2013）. 绩效薪酬对雇员创造力的影响：人—工作匹配和创造力自我效能的作用. 心理学报, 45（3）, 363-376.

仲理峰（2007）．心理资本研究评述与展望．心理科学进展，（3），482－487．

Bono, G. & Froh, J. J. (2009). Gratitude in school: Benefits to Students and Schools. In R. Gilman, E. S. Huebner & M. Furlong (Eds.). *Handbook of Positive Psychology in the Schools: Promoting Wellness in Children and Youth* (77－88). Hillsdale, NJ Law-rence Erlbaum.

Duckworth, A. L., Gendler, T. S. & Gross, J. J. (2014). Self-Control in School-Age Children. *Educational Psychologist*, 49 (3), 199－217.

Hunter A. J., Chandler G. E. (1999). Adolescent Resilience. *Journal of Nursing Scholarship*, 31 (3), 243－247.

Luthans, F., Norman, S. M., Avolio, B. J. & Avey, J. B. (2008). The Mediating Role of Psychological Capital in the Supportive Organizational Climate-Employee Per-Formance Relationship. *Journal of Organizational Behavior*, 29, 219－238.

McCullough, M. E., Emmons, R. A. & Tsang, J. A. (2002). The Grateful Disposition: A Conceptual and Empirical Topography. *Journal of Personality & Social Psychology*, 82 (1), 112.

Olsson C. A., Bonda L., Burns J. M., et al. (2003). Adolescent Resilience: Aconcept Analysis. *Journal of Adolescence*, 26, 1－11.

Narrative Research on the Development of Gratitude's Psychological Capital

He Shi-jie　Luo Ming-chun

(School of Education, Yunnan Minzu University, KunMing, 650504)

／Abstract／

In order to explore the psychological capital development of gratitude M, and to provide some reference for the development of individual psychological capital and the cultivation of positive psychological quality, this paper, from the perspective of psychological capital construction, adopts narrative research method, takes the gratitude growth experience of individual M as an example, uses life line chart as a clue to interview, and marks the key events in M's growth process on lifeline chart, so as to review M's life story. At last, this paper summarizes and analyzes M's psychological capital construction in the process of gratitude from three aspects: gratitude cognition, emotion and behavior, and finds that M's gratitude characteristics play a positive role in promoting his psychological capital construction, thus drawing the conclusion that strengthening individual gratitude characteristics can enhance his psychological capital.

／ Keywords ／

Gratitude, Psychological capital, Narrative research

从无能感到情感解放:一位研究生在疫情期间透过生涯叙事迈向身份认同*

魏润芝 张继元** 舒跃育 袁 彦

(西北师范大学心理学院心理传记学研究所,兰州,730070)

/ 摘 要 /

本研究以一位研究生在新冠肺炎疫情期间的生涯探索为主题,通过自我叙说以及整理前期生命经验的方式,探讨在疫情期间产生心理学学习者身份焦虑的"我"如何迈向身份认同。结果发现,身份焦虑的根源是无能感。无能感一方面表现为在深受家庭联结和家庭责任的影响下,"我"的生涯叙事无法连贯、叙事情感无处可去;另一方面表现在心理学学习者身份认同的无法整合。通过自我叙说的方式,实现了生涯叙事的连贯、叙事情感从无能感到情感解放的有处安放以及心理学学习者身份共时性和历时性的整合。最后,这些认知和情感的感通将指引"我"

---

* 本研究受 2020 年度甘肃省高等学校创新基金项目资助(项目编号:2020A-005)。
** 通讯作者:张继元,讲师,cchiyuan0609@nwnu.edu.cn (张继元); shuyueyu@nwnu.edu.cn (舒跃育)。

坚定地进行叙事研究的实践，从而迈向身份认同。

／关键词／

新冠肺炎疫情，生涯叙事，自我叙说，身份认同，叙事情感

一、缘起："最初的质问"与生命叙事

一天，有一位要好的但许久未联系的同学找我解梦。在我煞有其事地运用《梦的解析》及结合"毕生所学"说道了一番后，他说："这是心理学教的吗？这都是那本书上的吗？哎呀，心理学这么有用吗？"（R120200711）① 我心想：刚才我所运用的内容都是我学习心理学专业之余课外看的一些东西。

在我为收集毕业资料接触了一位受访者的 10 天后，他说："打扰了，我想要的那个报告出来了吗？"（R220200715）我心想：这真是高估我作为一名心理学研究人员的能力了，我怎么会在短短 10 天生成一份'他'所需的分析报告？是'他'想要的太多？还是我太弱。

在我和非心理学专业人士讨论看似脱离正常生活轨迹的一个案例时，对方说："来，你以你专业的心理学视角分析一下这个案例。"（R320200719）我心想：好慌乱，我虽然是一名心理学专业人士，可我对这个案例的分析真不敢说是专业。

一天，我与一位心理学专业的同学一起吃饭时，她说："我发现我上

---

① "R"指非心理学专业人员和心理学专业学习人员对于心理学学科及相关方面的反应 (Respondence)，"R1"指编号，"20200711"指年份和日期，下同。

了心理学研究生后，之前自身的让我困惑的那些问题依然没有得到解决，现在上心理学研究生已经两年了，我感觉在接下来的一年内还是不会有答案的。"（R420200726）我心想：每一个学习心理学的人或多或少都有所困惑吧！可是解决之路在哪里呢？

在理发店里闲聊的时光总是多一点，理发师说："在你们面前说话岂不是很危险，一下就被你们看穿了心思。"（R520200817）我心想：下次遇到这个问题我应该怎么回答？

无疑，当个体被冠以"心理学专业"的标签时，从来不乏为"众生"答疑解惑的拷问与实践。2000多年前，"认识你自己"就被刻在古希腊神殿的门柱上，以此警醒世人要"知己"，从而心理学由于其特殊的学科使命，随即就有了"助人知己"以及"应当知彼"的学科担当。然而，当心理学专业人士作为一个主体为另一主体答疑解惑时，其认识自身主体也是一个问题，其本身也在"困惑"的旋涡中无以自拔，这些全都表现在"助人知己"的学科不自信、"应当知彼"的"自然闪躲"以及时常陷入心理学的"学科焦虑"中（刘宪阁，2017）。我作为一名心理学专业的学习人员，借用学习者身份（learner identity）这个概念（Hegna, 2019），或许是陷入了"心理学学习者身份焦虑"当中。自学习心理学以来，这种焦虑未曾断过，但以前仅是被"面质"，而2020年年初的新冠肺炎疫情让我不仅被"面质"，还有"自我面质"，这"双重面质"终于让我的焦虑被放大，使我不得不直面这些问题：自己学习的心理学专业有用吗？到底有什么用？大众对心理学的期待是误解还是心理学未有所担当？退一步讲，自己的专业学习让我在面对类似的创伤事件以及生涯叙事产生困惑时，它要将我引向何方？试问，拥有这般心理学学习者身份焦虑的我要如何去"知己知彼"呢？如果我再模糊下去，怕是真要"误人误己"了。

由此，我就带着上述疑问反复思索和寻求，终于与生命叙事（life narrative）

发生了从相识相知到这次提笔书写生命故事真正的相触,因为我知道,我只有将"自我"融入自己生命的叙事历程,从那些故事、情感以及所引发的勇气和泪水当中,才能对生命做"最初的质问"(张继元,2019)。此次生命叙事虽内容思路与我硕士毕业论文不一致,但主题却出奇地一致。我才终于明白,原来这期间无论我写什么做什么,都是在向自己的生命做"最初的质问"。质问原初的自己,给我一个以往努力奋斗的合理解释,更是给过去一个交代。正如埃里克森笔下的路德,"年轻人生命中的一个危机使他们有意识或无意识地都成为病人,直到他们找到一个治疗的药方为止,而这时的主要危机就是同一性危机(identity crisis)"(Erikson, 1958: 14)。缘起缘灭,或许我只有弄清楚这些缘由,现在的我才能更好地走向人生下一个阶段。明晰缘由后,或许我才能树立一份心理学学习者身份认同的自信,才能真正面对这个需要我摆明自己身份的世界。

二、"自我叙事"的学术背景

生命叙事是一种运用生命哲学"叙说—诠释—实践"的螺旋式发展路径,是一种使生命发生"创造转化"的学问(丁兴祥,张继元,2014)。这门学问在心理学领域称作叙事心理学,而叙事心理学研究关注的核心是自我与身份问题(莱昂斯,考利,2010: 103; McAdaMs, 2001),那么,"自我叙事"(self-narrative)便是一个核心议题。

安格斯和麦克劳德(2020)认为,自我通过叙事创造并再造,它是我们讲述的产物,而非潜藏于主体的深处等待人们去挖掘的某种本质,如叙事神经功能障碍此类的神经性疾病的存在就表明"如果我们缺乏创作关于我们自己的故事的能力,就不会有自我这种东西存在"。虽然自我是讲述的产物,但自我也主导了叙事。在某种意义上,自我既是一个故事也是一个讲述者,它把我们的生活经历编织为一个故事，而自我故事的中心主题就是一个元叙事或宏叙事（Macronarratives）（安格斯，麦克劳德，2020：230）。可以看出，自我和叙事之间存在一个相互作用的关系。

而叙事心理学（narrative psychology）作为后现代主义取向心理学的理论流派之一，学界在提到该流派时，比起将叙事心理学看作心理学的一个分支，更适合将它视为心理学的一种研究方法（施铁如，2003，2004）。心理学研究方法的叙事取向很大程度要归因于心理学在1980年代发生的"叙事转向"，甚至是一种"叙事革命"（李然，郭永玉，2012；施铁如，2003），使心理学的关注焦点从统计和变量重新定位到人和故事（何吴明，郑剑虹，2019）。

叙事心理学诞生于20世纪80年代，发展于20世纪末，至今学界对心理学叙事取向的研究热情一直在与日俱增。美国学者萨宾（Sarbin, T. R., 1986）的《叙事心理学：人类行为的故事性》（*Narrative Psychology: The Storied Nature of Human Conduct*）与布鲁纳（Bruner, J. S., 1990）的《意义的行动》（*Acts of Meaning*）两书的出版标志着叙事心理学的诞生，此前，萨宾提出"叙事和人类行为是同一块布上裁下的料"的观点（蒋京川，叶浩生，2006；施铁如，2010），为叙事心理学的诞生奠定基础。萨宾认为，叙事心理学是心理学的一种关心"人类行动的故事性"的观点或立场，即人类如何通过建构故事和倾听别人的故事来处理体验。因此萨宾将叙事视作心理学的"根隐喻"（root Metaphor），并且质性研究能够开采这个隐喻的价值。20世纪90年代，我国以台湾学者丁兴祥、翁开诚为主率先尝试叙事心理学取向的探究（李文玫，郑剑虹，丁兴祥，2012；翁开诚，2007），渐已发展出分析诠释文本与互为主体的叙事研究模式（李文玫，2019），叙事心理学的方法论也被称作"事事之法"（宋文里，2019）。叙事心理学在我国大陆的发展源于叙事治疗观的引介（施铁如，2002）。李明和杨广学（2005）出版的《叙事心理治疗导论》与澳大利亚学者麦克·怀特（Michael White）和新西兰学者大卫·艾普斯顿（Davids

Epston）的叙事思想一脉相承，其著作《叙事心理治疗》（2016）继续延伸了该思想，而《叙事与心理治疗手册》（2020）的出版更是让我国叙事疗法进入新阶段。

"认识自我"是如今心理学研究的核心课题。而"叙事自我"在萨宾（1986）的叙事视角下，"主我"（I）等同于能知的我，是认识的主体，他以主观的方式来组织和解释经验；"客我"（Me）等同于所知的我，是被经验到的自我。主我（I）像一个作者讲述着一个以客我（Me）为主角或演员的故事，也是主我对客我的审视和反思。通过叙事，个体将自我理解为另一个人。如詹姆斯所言，"我（I）讲了一个关于我（Me）的故事"（James，1890）。同样，麦克亚当斯（Dan McAdams）提出的同一性生命—故事模型（life-story model of identity）中，"主我"是从经验中建构自我的基本过程，"客我"就是自我建构过程中最主要的结果（Schultz，2011：94）。可以看出，"主我"与"客我"得以通过叙事思维串联起来，这样，我们才有真正感受到一个有温度、有想法、有变化的"自我"，"自我"形象才会立体。由此，学界关于"生命叙事"以达到"认识自我"的研究实践渐渐增多（翁开诚，2011；张慈宜，2014；甯国兴，2015；孙佳婷，施登尧，2016；吴东彦，刘志如，2016；顾诗佳，2016；谭天，2020；张蕾，张继元，杨玲，2020）。

三、最早的记忆：想一起撑家，却跌倒而哭

有人说记忆是这个世界上最不靠谱的东西。但如果没有了记忆，这个世界会变得怎样？一个国家没有了记忆，它的历史根基会变得软弱；一个民族没有了记忆，它的时代话语会变得苍白；一个人没有了记忆，他的灵魂会无处安放，因为他不知道自己从何处来？往何处去？甚至不知道自己是谁？所以说，记忆建构了我们的过去，这些过去的记忆让我们得以认识自身，而最早的记忆

更是一个神奇的存在，它的存在让我们每一个个体意识到自己最初的存在，或许，对这最初存在的审视与对话，可以让我们看到我们来到这个世界上最初的欲求，也就是找到初心，这份初心或许能指引我们得到始终（张继元，2019；张蕾，等，2020）。"科尔凯郭尔说，我们理解过去，但我们生活在未来。当与过去和未来谈判时，既有危险也有机遇，并且当回忆指向未来时，我们会根据未来调适个人的记忆。"（Sarbin，2020：190）而我是愿意根据"未来去调适自己的最早记忆"，即使有当时场景旁观者的细致描述，我依然调适到自己的"叙事体系"中，"不断跟自己重复这个故事，警告或温暖自己，让自己集中在一个目标上，准备好用过去的经历、久经考验的方式应对将来"（阿德勒，2019：61）。

（一）眼泪为谁而流：撑不起自己、撑不起家

众所周知，庚子鼠年的新冠肺炎疫情，使得世界的脚步慢了几分，中国也不例外。我们村地处偏僻，虽封闭性高，但也谨遵疫情命令，时刻关注抗疫状况。鉴于农村相较于城市的活动性较大，疫情前期我们也是紧闭门户，但后来会在院子周围转悠，再后来疫情在全国得到初步的控制，加之我们那个地区的感染案例也远在市区，我们村的人也渐渐活跃了起来。在这期间，最为明显的是，大多数学生因延期开学，在家"享受"了4个月之久的超长假期，我也不例外。所以我将我在家的这4个月称为"疫情期间"，正是这个时段以及在这期间发生的事情，为我审视家人关系提供契机。但让我意外的是，一向坚强的我为什么会在这个超长假期里两次泪腺决堤？委屈又无奈！

> 爸爸说："你现在要好好控制你的情绪呢！"姐姐说："你一个学心理学专业的，怎么连自己的情绪都控制不好。"

我狡辩："有情绪了就得宣泄啊！""心理学专业的怎么了？就不能有自己的情绪了吗？"

　　这蛮不讲理的狡辩是在掩盖什么呢？眼泪是为谁而流呢？

　　疫情期间两次哭给爸爸看，一次是为姐姐据理力争，一次是为父母关系。这两个独立于自己之外的理由看似是我"多管闲事"，实则是点明了我的情感卷入度：我借家人对姐姐婚姻大事的态度总在挑明我与父亲的关系；我期待的父母关系就是不能互相嫌弃彼此。

　　我一向都很支持爸爸做的一些决定，还有他说的一些话。但不知怎的，爸爸那天正准备语重心长地要给我们任"言传"一番时，我让爸爸"开弓"就很不顺利。爸爸先说了句："串门的饭吃不饱，娘家的炕头坐不老。"听得出来，那天的议题是就我姐的觅偶状况给我们总体说教的有感而发。然而我立马打断了爸爸："那大不了不坐娘家炕头了，现在新时代女性不结婚多得是，一个人出去照样自己坐着。"爸爸说："你如果这样说，那我们就不必说啥了，我们就不在一个意思上。"之后换了话题，我全都给"怼"了回去。本来是我们听教的好时机，被我一搅和，姐姐和弟弟基本没参与，他俩倒成了"和事佬"。"和"的原因就是我哭了，可即便是我哭着，我还在和爸爸辩论，辩得让爸爸不开心。爸爸看我哭的停不下来，他就出去了，后面我才慢慢平息下来。

　　如果是单单和爸爸辩论就能让我大哭，那倒不至于，其实说到底是我首先将自己代入"父母关系"当中。上面的那次哭泣是因为爸爸要"言传"，而我要爸爸"身教"。爸爸既然要以婚姻问题给我们说教，我内心就用爸爸的说辞考量他的婚姻，具体就是他和妈妈的婚姻关系问题。因为这个源头，所以在爸爸受了妈妈些许唠叨后反过来在我们面前（背过妈妈）表示对妈妈的不满时，我再一次泪腺决堤。因为我在劝告爸爸时，爸爸说我没找对问题所在，也就是没有听懂妈妈唠叨的"言外之意"。其实在妈妈唠叨时我也有站在爸爸身边维护爸爸，然后在爸爸表达对妈妈不满时我又帮妈妈说话，正因此，我觉得我万分不易，为让父母关系和睦相处，从中周旋，却是"引火上身"，最后弄得一团糟。这就恰给了我考量爸爸的依据，"既然爸爸在给我们讲婚姻关系，那爸爸是怎么处理和妈妈的关系呢？"有了这句潜台词，我自是又"梨花带雨"般和爸爸争论一番了。

其次，埃里克森的"人生发展八阶段论"用一句通俗的话理解就是在恰当的年纪做恰当的事情，否则会在生命历程中埋下隐患。而此时我与姐姐共同面对的问题就是"择偶问题"，所以此时的我们考虑这个问题虽应是情理之中，但我总是等不及爸爸表明自己的真实意图，便立马跳到爸爸的对立面与之辩驳，辩驳的内容看似是我不同意爸爸说的"婚姻谚语"，实则是我内心对爸爸意见的反抗，从对我生涯规划的干预，到现在婚姻问题的指引。但，我是反抗父亲吗？不是，再深一点，我是反抗自己从小生活的家庭环境和社会环境，爸爸是家庭环境的负责人，所以我将"火力点"集中在了爸爸身上。我与爸爸的关系变化只是我情感卷入度的"探测器"而已；而我用以反抗社会环境的方式是本科小学教育毕业的我，没有按照"众望所归"考个小学教师顺势回到自己生活的小县城，而是跨考到了心理学的研究生。在我学习心理学后，我更加以调解父母关系为己任。小时候以年龄小不懂事为由，现在自己长大并学了"能看透人"的心理学，虽"应该"对父母关系有所调停与帮助，但是只剩下一团糟之后"学无所用"的感叹。依稀还记得，自己在考上心理学研究生之后，姐姐说："你把这个案例好好分析透彻了，说明你实践到家了。"我也曾将这个案例作为我学习心理学的动力以及考研面试时的"夸夸其谈"。现在，我不仅没有对这个案例分析透彻，也没有实践到家，更没有认识自我，"在对案例分析不专业时产生的不自信"反倒让自己陷入了新的困境——生涯叙事的困顿与迷茫，如果让我现在再哭一次，那主题便是"家里的老二想一起撑家，无奈此时撑不起自己、撑不起家"吧。这"撑不起"既有疫情期间因为生涯叙事的困顿撑不起自己的情绪暴躁，还有正在求学的我暂时不能承担家庭经济责任，更有我最早记忆中"艰难爬坡"时撑不起的责任与担当。

（二）新屋换旧屋：与最早记忆中的"艰难爬坡"不谋而合

到现在为止，我依然觉得在疫情期间我强烈建议爸爸翻修家里的房子是个无比正确又有意义的选择——新屋换旧屋，家庭面貌的焕然一新，使得妈妈的心境也轻松了许多。可以说，妈妈的心境很大程度上决定着家庭氛围，所以如果一件事能让"母亲大人"心境舒畅，那还有什么比这更有意义的事情呢？但恰巧，这件有意义的"新屋"事竟与我在"老屋"的最早记忆不谋而合。当我在盖新屋时由衷发出"人生太艰难"的感叹时，我方知原来我对这个世界最初的记忆也是从"艰难爬坡"开始。不同的"艰难"，却有着同样的"辛酸与无助"，让我产生了相互感通的叙事情感，有意思的是，这份"叙事情感"却也是我主动接替的。

记得研一9月第一次与"生命叙事"相遇时，我有幸提笔画出了自己最早的记忆（见图1）。图的画面是一个工地的场景，木料、水泥等建筑原料摆放在院子里，起重机轰轰地转着身子。爸爸妈妈站在高处的院子边上看着机器工作，而我，一个5岁的小姑娘——姐姐的跟屁虫，看着姐姐提暖壶，自己也要抢着拿。我提着一个暖壶要从本不是路又杂草丛生的一个坡爬上去，结果没爬上去就半道摔了暖壶，然后我哇哇大哭，后面谁来扶我以及后来怎样我已然没有了记忆，而我在坡上大哭的场景像静止一般永远刻在了我脑海里。另外，这个坡相对称的那一面就是平日里大家走的路，我不知我为什么非要爬坡而不去找路走。当时下午斜射的阳光有些刺眼，大人们好像用手挡着阳光向远处凝望着什么，好似也说着什么话。一直以来，我不知这幅关于"最早记忆"的画面意味着什么，自己也总是会胡乱猜测一番，但又不是很信服。直到近期，我才发现它需要我生命的真切感悟才能明白一点——现在的我奋发求学不就是我一路"艰难爬坡"的真实写照吗？需要人生似曾相识的场景才能唤醒我当时的心情——我当时坐在那个坡上哭可能也觉得"太难了吧，提个水壶都能摔碎，可能又要挨妈妈的骂了"。

图 1　最早的记忆

最早记忆的"艰难"包含着一个幼稚小孩在事实艰难的物理环境中的步履不稳，因而摔碎了东西；也包含着一个小孩想尽己所能为家里干点什么却搞砸了产生的艰难心理，这两者的艰难皆以辛酸无助的泪水表现出来并收场。如果说，将小时候的自己更多地理解为是因自己体力不支，帮不上什么忙而艰难，那盖新屋的"艰难"就是在自己身强力壮的情况下，依然觉得艰难，除了修葺房子日常事务的纷繁复杂，我感受到的更是这个家庭的变化带给家庭成员的喜怒哀乐。家庭20多年的历久弥新，蕴含的是爸爸无言的支撑与疲惫，妈妈直抒胸臆的抱怨与欣喜，更反映了家庭孩子的成长变化。疫情期间的翻修房子应是父辈完成的最后一件房屋修葺工程，这意味着父母此后的休息与子女顺势的接替，父辈"艰难"生活的结束迎来了子代"艰难"生活的开始——完成怎样的学业、寻求怎样的职业、觅得怎样的伴侣等，都"有条不紊"地摆在了眼前。我知道，这些谁都不会立即有答案，但我们总会在相互"逼问"中试图寻找答案，表面看似是为生涯发展而探讨，实际是激发我们每个人的"无能感"以揭穿我们"边走边看"的谎言，从而漏出的是多年来努力奋斗的辛酸以及与努力不匹配或至今毫无答案的无助。这种辛酸与无助不仅表现在自己求学多年，以一个"读书人"的身份无法实现"读书人"该做的事（如"使用书本知识理解家族矛盾及调解家庭问题""运用心理学专业技能分析案例以及快速生成一份让大家都满意的心理分析报告或者是快速看穿人的心思"），更表现在回到自身时无法给自己建造一个坚实有力的"生涯大厦"（或是同为学习心理学专业的同伴对解决自身问题的困惑）。无论触碰哪一点，都会使自己内心的情感防御线濒临崩溃的边缘，即学习了心理学专业又如何？况且心理学的学习是浮于表面而未能解决深层问题，试问，此时的我怎能不陷入"心理学学习者身份"的焦虑中？从5岁开始至今，不仅没有为家庭尽己所能，自己还增添新烦恼。一个心性很强的女孩，从时刻准备主动接替家里的一些事情开始，至今那时的"艰难"从未变过，只是不同形式地跳出来一次次地加深自我确认及情感泪点。

从疫情期间引发的"艰难撑家"到最早记忆的"艰难爬坡"及两者之间的不谋而合，都让我对家庭情感的情感卷入度上升到无可替代的地步。在同有姐弟三人的情况下虽然更好为家庭"强出头"，无论是幼稚小孩抢着提暖壶，还是长大后抢着回应父亲的问题以及无意识里参与了家庭的诸多抉择，但在过去自己"强出头"的背后，是学业暂无完成以及未照自己所想而完成，所有这些都以辛酸无助的泪水表达出来。泪水表达的是最早记忆"想一起撑家却跌倒而哭"的原初动力，然后该动力发展为求学多年至今产生的"心理学学习者身份焦虑问题"，最后将该焦虑借反抗父亲以此来反抗家庭环境与社会环境表现和排遣出来。排遣的效果是自己在本科毕业面临择业时选择不回自己生活的小县城或是放弃了相较心理学专业就业好的"小学教育"行列，以及形成"年龄比我大、最好不是和我出生在同一地域"的择偶标准（因为在爸爸比妈妈大一岁的父母关系中，争吵度日的背后是妈妈告诉我一定得找个年龄大的），还有父亲在以"婚姻问题"给我们"言传"时，我不自觉地将父母的婚姻关系进行"身教"类比。借用弗洛伊德对一个人生活正常的定义——爱情与工作两方面去衡量（埃里克森，1998：122），显然我是都没有处理好，所以出现了"家里的老二想一起撑家，无奈此时撑不起自己、撑不起家"的窘况，或许我从姐弟仨对于家庭传承作用的反思中继续生涯叙事，方能找到答案。

四、家里的老二：救赎与希望

爸爸妈妈有三个孩子，我是老二，还有姐姐和弟弟。爸爸妈妈出生于20世纪70年代的西北地区，到现在他们仍在那里，一个偏远的小山村里。父母奉"娃娃亲"在爸爸高中毕业不久便正式成婚，随即迎来了他们的下一代。迫于生活的压力，"爸爸常年在外打工""妈妈一人在家务农"便是我们仨上学时永久的"父母底色"。每当强调我是家里的老二时，我始终绕不过"出生顺序理论"（辛赞，1996；阿德勒，2019：124），因为我作为家里的第二个女儿，既要和自带宠爱的第一个孩子"争宠"，又要和自带光环的第一个儿子也是最小的孩子"夺爱"。从我小时候诸多"争宠夺爱"的表现以及周围人对我的评价来看，我确实在为自己占据家庭话语权方面胜出了。这种话语权直到疫情以前依然存在，比如说家里的重大决定会过问我的建议而不去问姐姐和弟弟。久而久之，我成为家里的希望，特别是妈妈救赎的希望。

（一）印象最深刻的童年记忆：救赎起源

四年级于我而言有不一样的内涵，因为它孕育了我童年印象最为深刻的记忆，我也用心将它画了出来（见图2）。下午放学后，我回到家。爸爸妈妈在打麦场给牛羊准备草料，爸爸用人工铡刀铡草，妈妈在递草，旁边有好多零散的草堆，再旁边就是一个很大的草垛。公路两边的地里长了庄稼。家里的门开着，我不记得姐姐和弟弟去哪儿了，或者是我们一起放学回家了，我也没印象。我只记得我迫不及待地要回家给爸妈看试卷，因为那天我数学卷子考了99分。当我给爸爸卷子时，爸爸伸展身体，眉开眼笑地说了句："这比我当年考得好啊！"我听到爸爸这句话肯定是无比开心的，然后拿走卷子去玩了。

图2　印象最深刻的记忆

四年级的我正处于发展勤奋感的学龄期，当我因为一次考试受到父母的肯定时，"发奋学习"就成为我真正的内驱力。从孩子的角度看，此时正是个体找寻社会意义最具决定性的阶段，也是个体努力培养工作和技艺的能力以获得人类建立系统价值观得以生存的基本力量的阶段（埃里克森，1998：111）。而童年的我将"发奋学习"作为我培养工作和技艺能力的基本力量，也是我寻求父母赞许这个社会意义的基本着力点，当然随着后期学段的发展，社会意义也随之变化，但源泉始终没变过，直到现在依旧以"学习"为己任。从父母的角度看，他们作为家庭教育永恒的责任主体，教儿育女是继承家庭教育传统的基本职责（贾萌萌，等，2018）。当看到孩子可以成为家庭的希望，自是不吝赞美之词。因此，在爸爸自己求学多年而未果（谋得一份稳定的"铁饭碗"工作）产生连连感叹后，看到自己的孩子或许可以满足自己未达成的心愿，自是喜笑颜开，一路鼓励；而妈妈对于孩子的期待更倾向使自己脱离"精神苦海"，有时都不为自己能过上好日子，更为让自己能顺一口"气"。但无论父母什么期待，在孩子心中都形成了自己可以成为父母救赎的起点，更是一个小孩在生活世界中确认勤奋感的一种自我救赎——只要自己努力学习，就能实现父母想要的，到时候也成就了自己。至于为什么特别是妈妈的救赎，一方面是因为爸爸的求学经历我没有目睹，而妈妈的种种遭遇我是耳濡目染，自然我更会成为妈妈救赎的中心，即使爸爸也万分不易；另一方面是因为我与妈妈在我出生时就有很强的联结性。妈妈在生育我时可谓是冒着生命危险，她那时患有肝炎，身体条件并不允许生育，但妈妈"怒着劲儿"也要生孩子，生男孩子，结果却不遂人愿。妈妈生育完我之后大病一场，就不能对我进行母乳喂养，所以我小时候身体羸弱，有发育迟滞的倾向，个头比同龄孩子小得多，学步跌倒更是常事。一提起这个经历，我就感觉自己来到这个世界并努力成长是万分不易，感觉妈妈也是遭受磨难，所以我希望妈妈和自己都发展顺利，彼此二人努力塑造生活，可以成为相互扶持的支柱。虽然我不记得自己出生时的场景，但我能感受到我和妈妈的努力与不易，所以妈妈的情绪很能带动我的情绪，这或许是在妈妈和爸爸发生争吵时我总无条件、无原则地站在妈妈这边的原因吧。

（二）家庭演变发展：希望让渡

1. 希望的"蓬勃发展"

如果说让我相信"物华天宝，人杰地灵"诸如此类的名人名言，我愿把所有的信仰给予我家院子后面的那棵老槐树。那棵树是大伯年轻时栽种的，至今 50 年轮。春去秋来，这棵大树屹立风中不倒，俨然成了我家附近最有代表性的风景。人都说这棵老槐树长得好，也说我家地理位置好，因为我家后面有这么大棵树。每次站在庭院，我都会看向老槐树，心想：大概就是你，见证了我们整个大家族的演变，陪伴了我们这个小家的逐步成长。家族在变，家庭在发展，父母在老去，子女在成长。一切都在变，而你的变化速度肉眼已无法观测，但我知道你以生长的年轮记录着我们家庭的变化，我多么希望你一直看到的是这"五口之家"在一起的生活，然而，我们这"五口之家"不可能永恒。所以，你先用你的"灵验之光"点燃家庭的希望——十里八乡称赞地说我们家一次性出了三个大学生，用以抚慰一位小女孩祈求家庭永久不变的痴心。

我们仨在 4 年之内陆续出生于 20 世纪 90 年代。小时候的我们学习情况不相上下，如果从后来考上大学的标准来看，我倒是最差的那一个，虽然弟弟的最好，但我因爱表现的性格很快成为他人眼中将来有出息的孩子。按照妈妈的话来说："我如果是个儿子就好了。"爸爸也说过："果然没有一个是多生的。"后来这个被寄予厚望的孩子在本地上大学，而姐姐和弟弟分别远在广州和北京上大学。此时离家近的我俨然是家里的希望——主动被动地参与家庭事务的决定，以及预计让小学教育专业的我本科毕业后回到家乡谋得一份小学教师的职业。但我时而情绪激动地问自己："为什么要我为这个小家的核心点做决定以及自己逐渐成为核心点？"这个情感矛盾主要体现在我生涯规划的拉扯上，即

从无能感到情感解放：一位研究生在疫情期间透过生涯叙事迈向身份认同

我一方面思索回到家乡可以照顾父母，继续维持这个家的运作模式，另一方面又计划离开家乡在外谋生路，但照顾父母就没之前方便了。因此，"照顾父母"或者说"为家庭贡献"总是牵绊着我的生涯规划，这样说不是指姐姐和弟弟不为家庭着想，而是他们没有像我这么"自导自演"地使其成为生涯叙事的核心。因此在我看来，他们没有这种困扰，反倒我会在自己实在无法调节的情况下直接谴责他俩："爸妈在'小家'微信群里吵架你俩没有看到吗？""姐姐这样浑噩度日对得起爸妈吗？与其在外浑噩度日，还不如回县城找个工作好好陪着爸妈呢！""姐姐好像从小到大都不怎么爱学习，记得小时候我偷偷帮她写作业被她看到后她都默不作声。"就这样我将自己世界中的"家庭责任意识"强加在他俩身上，得不到反馈后一度将自己陷入谴责的恶性循环中，加之想到自己是父母的希望，到最后又不一定是父母的希望，那父母和我要怎么办呢？所幸，一切事物是发展变化的，家庭生命周期的变化也是如此（Glick，1947）。有变化就有转机，而我家的转机就出现在疫情期间修葺新屋。因为疫情期间修葺新屋带给我的生命体验除了上文提到的"与最早记忆产生联结"外，还有我对姐姐和弟弟关于"家庭责任意识"的转变。

2. 让渡给姐姐和弟弟

我曾一度以家中"长子"的身份和使命去衡量姐姐的所作所为，所以她在我和父母的体系里都是不达标的，这个不达标的状态至少从姐姐大学毕业后有三年之久，但疫情期间及以后我就发生了明显的改观，父母也释怀了许多。疫情期间的修葺新屋是父母家庭工事任务中的最后一次，此次之后家里房屋布局应该不会再有变动，除姐姐外，父母、弟弟和我都参与了此次工事。在工事过程中，我会偶尔感叹干活的艰辛和人生的不易，但我更感叹的是，姐姐从小到大好像每次都能完美错过家里的大小工事，或者说上大学后家里稍微重点的活儿她都没碰过。现在不是清算姐姐"旧账"的时候，而是静心冥想，或许在姐姐的话语体系里,"自己不曾参与见证家庭发展的标志性事件,自然受'回乡照顾父母的家庭责任意识'的限制就小一点,但是以另一种方式'为家庭贡献'",比如在自己本就不高的薪资里为父母买礼物,为家里买生活用品,细细想来,姐姐这样的习惯在她上大学时早已有之;还有她在表示继续支持我求学的陈词中(虽然也一直没实现,但我感受到了她在努力),我才发现,原来姐姐还是那个努力的姐姐,她只是在以自己的方式回馈家庭,家中"长子"的身份与使命她没有忘记,她有自己的方式和体系。如果我们不以自己的标准衡量甚至强求她,她会做好事情,依然是家里的希望。正因为我这样看待,我才能将自主强加到自己身上的家庭希望让渡给姐姐,这样我的生涯叙事就会顺畅一点。

姐姐没有亲身参与此次家庭的修葺新屋就给我如此良多的认知体验,更不用说弟弟在这件事中亲力亲为给我的巨大改观了。虽然弟弟考上了北京的重点高校,主修的专业也算是当下流行,但我总觉得弟弟不成熟,没有担当。而此次疫情期间,弟弟的所作所为,让我看到了家中儿子的担当与力量。今年弟弟大学毕业,开启了职业生涯的新篇章。这个新开始成了妈妈价值体系里救赎的希望,因为妈妈在疫情期间说道:"儿子成为我的臂膀后,我有什么事情就会赶紧躲到臂膀后,我怕啥呢!"确实,弟弟由于疫情待在家中,在学习之余,毫无疑问成了家里主要的"力量担当",尤其在工事上体现的责任与力量,都让我看到了弟弟真正的成长。他不再是那个小时候文静沉默还有点弱小的小男孩,而是阳光懂事、积极为父母分忧的男子汉了。这个时候作为姐姐的我,反倒扮演起"妹妹"的角色了,偶尔有什么重活粗活能推就推给弟弟了,他也不讨价还价,只是说句:"现在家里除了姐姐外,就你最享福了。"如今,弟弟已渐成熟独立,俨然是妈妈的半边天,承载着妈妈救赎希望的弟弟,看着他在太阳底下勤劳的身影,我内心不自觉地笑了起来:原来弟弟这个希望源泉是最有力量,这个力量也一直在,我之前认为的"不成熟、没有担当"也只是在我的话语体系里，而在弟弟的话语体系里，"成熟与担当"只是需要一个契机便能实现。

如此看来，长久以往我从印象最深刻的记忆当中"独自霸占"的希望原来是可以让渡给同是希望源泉的姐姐和弟弟，尤其是弟弟成了妈妈新的有力救赎之后。这不是我为使自己的生涯叙事顺畅而推脱的借口，而是家庭演变的发展以及重大事件的发生，将我从自己的话语体系中拯救出来，虽然家还是那个家，我还是这个我，事情还是那些事情，但在恰当的时机我改变一下看待事情的风格，就能连贯我的生涯叙事，那么我在姐姐和弟弟身上找寻的力量就是将家庭希望的责任与担当让渡过去，或者说本就存在，只是还给他们。正如李安导演的台湾电影《饮食男女》中的二女儿家倩，当她自认为在为他们的缺损核心家庭①（杨烁晨，余劲，2020）做出牺牲后又发现其实自己的牺牲完全没必要，因为家庭以及家庭每个成员的发展不以自己的决定而改变，最后她将一切自主强加的"家庭责任重担"卸下之后，终于迎来了"厨神"父亲对自己厨艺的夸赞和父女俩相视一笑的影片定格。家倩是在改变自己的"家庭责任意识"后释怀了与父亲的情感矛盾以及与家庭的联结，同理，我是让渡掉家庭中的希望，得以使自己从家庭责任的"情感拉扯"中走出，这样才能推进我人生的下一个阶段。

五、情，生命不能承受其重

生命叙事的基本原理是当来访者向他人或自己讲述生命故事的时候，他们就会自然而然地对这些事件和事件发生的背景做出积极或消极的评价。而要理解这些重要的评价必不可少的就是叙事的情感部分，即叙事的情感部分是探究某些评价的重要突破口（安格斯，麦克劳德，2020：216）。诚然，我生涯叙事

---

① 缺损核心家庭，是指家庭建设不完整，具体指丧偶，独自抚养孩子或赡养老人。

中发生的"认知重评"都是卷入了情感。在叙事过程模型（Narrative Processes Model）中，治疗性改变被认为是需要一个叙事性故事讲述（外部叙事序列，external sequence）、情绪区分（内部叙事序列，internal sequence）和探究反身性（reflexive）意义建构模式之间辩证转变的过程（Angus，Levitt，Hardtke，1999；安格斯，麦克劳德，2020：104-106）。其中，外部叙事序列是来访者要记住和表达真实的或想象的、过去的或最近的事件，以填补叙述中可能已被遗忘或从未完全承认并因此不被理解的内容，它解决了叙事过程中"发生了什么"的问题；内部叙事序列是需要来访者充分参与一个事件的生活体验以便意识到并充分表达缄默的感受和情绪，而这样的情绪暴露可为经历过创伤事件的幸存者带来积极的免疫和积极影响，它解决了叙事过程中"感受到什么"的问题；反身性意义建构是对所表达的经历进行反身性分析，这往往会导致对情境新的意义和观点的建构，并可能导致重构的叙事，它解决了"意味着什么的问题"（安格斯，麦克劳德，2020：104-106）。在此次疫情中，虽说我能免于病毒的直接感染，但带给学习心理学专业的我何尝不是一种心理上的创伤体验？这些生命经验的诉说带动了我的情绪，即使是情绪感触艰难万分，但也要含着泪、抵着心中的抗拒写下来，也只有这样，生命经验的叙说才能带给我改变。前文描述的是亲情，下文是友情抑或是其他复杂的情感。曾记得高中时期的暗恋，情窦初开的欣喜夹杂着课业成绩下滑的失落，像梦，像诗，调节着求学生活的单调与困顿。

（一）师生情，展示女性一面

于我而言，求学的主旋律仍在继续。学校的美好时光总是不自觉将我拉入那一幕幕回忆当中，印象最为深刻的则是一位教师给予我本科学业指导与交流的场景。这位教师不仅是我生命中的贵人，更是我职业探索道路上的"角色榜样"（role model）。因为有他，我仍努力着；因为有他，我信未来可期。

众所周知，考研过程总是酸甜苦辣相伴，五味杂陈，尤其是在确定目标院校后觉得自己考不上欲更换目标产生的那种焦灼之心。毫无疑问，我也经历了这样的过程，在我就此问题与老师沟通前，我与身边人交流火热，也在午夜时分，手放胸口，问责自己，仍未果。此时我去请教了老师，老师沉着冷静的几句分析立马让我吃了"定心丸"，即听取老师建议更换了目标院校。这件事除解决了我现实问题的燃眉之急外，我更发现如果一个人对"角色榜样"产生信仰后，会更相信"角色榜样"甚过自己，或许某一问题自己心中早有答案，但再通过"角色榜样"的确认，就会产生"正确道路与方向"的笃定感。于我而言，老师这位"角色榜样"的出现，让我一改往日为家庭与自己不断掌握抉择权的性格，反倒是我期待将自己以往强大的一面甚至是"男性化"的一面压过去，此时我找到一个契机可以展示我女性的一面。这女性的一面不仅包含依赖、温柔、可爱等传统女性的性格特征，更提醒自己除了是家中老二以外还是一位女性，即我迟早会因与一位男性的联结而离开原生家庭，"五口之家"永久不变的童话也会破碎，自己从而可以回到现实真切地处理情感危机。因此，我对老师的建议笃信不疑，我的"信仰之光"就是他，也就是这份光芒引领我进入学术研究的殿堂，给予我在求学路途更多的坚定与自信。我也憧憬自己的未来也如老师一般在高校奉献青春。

随着我学业的进一步发展，我们之间的关系也变得亲近起来，亦师亦友的状态一直维持到我毕业。那段时间我心情很好，天空很蓝。但我似乎从我们这段欢快的关系中感受到了不一样的东西，有点纷繁复杂，比如想到以后离开母校再也不能和老师保持这样轻松的学习交流状态等。甚至还有点依赖老师，比如再有什么自己无法抉择的重大事情，就很难和老师面对面交流了。所以到后期我心情很复杂。当然老师的个人生活我是不甚了解的，我不问，老师不说，就好像这部分被我们自动过滤了一样。我深知这部分东西我不能去触碰，便让自己始终处于一名求教者的身份自居。如今时光变迁，我们的关系一直停留在原来的水平上，谈人生，谈理想，不谈这些，关系就变淡了。

可以看出，我与老师的情感成分不断发生变化，师生情、友情，抑或亲情。这些情感若隐若现，友情与亲情已不知所踪，唯独师生情长存。但无论怎样，它们都为我展示女性气质一面打开了很好的窗口，让我明白怎样的人和情境才会使我柔弱的小女子一面展现出来，这样我才有对往日大家给我的"强势""女汉子"等标签的释怀——我不是天生或一直如此，我也只是一个女生只不过是没遇到让我柔弱的人和场景而已。不得不说，师生情与家庭经验有很深的联结。师生情这段故事让我得以"展示女性一面"，也就是为我让渡家庭责任、不再自主担任一些任务并为自己回归到正常女性角色开启窗口。记得我在出生时"男孩子"的家庭期盼以及后来即便有姐弟三人的共同成长，妈妈仍会提及"我如果是个男孩子就好了"。在如此深重的"男孩子期盼"家庭氛围中，后期的生命经验能有契机让我展现女性特质一面，真是可遇不可求，这也为我主动从家庭很深的联结中渐渐脱离出来而独立，以便去寻找正常的亲密关系奠定情感基础。

（二）"白蛋情"，呈现母性一面

疫情期间我亲自喂养了一只刚出月的小狗。它的存在让我的情感体验深刻复杂。小狗的名字叫"白蛋"，因为它全身雪白，毛茸茸的。其实刚开始我是要叫它"贝贝"的，取"白色"的谐音，但我叫着叫着总觉得不能表达我的喜爱，而弟弟说要叫"白蛋"，我虽然"嫌弃"这个名字俗气，但心里觉着这个名字很能表达我的喜爱，那就叫"白蛋"吧。白蛋的存在让我有多方面的感受。一方面，喂养它锻炼了我的细心和耐心，着实让我母性大发。我每天准时准点，甚至早上起床后还未打理自身形象，就赶紧给白蛋弄吃的，我第一句话都是："我白蛋睡了一晚上肯定饿了，我要去给它弄早餐。"就这样，我给它不停地喂，把它喂得圆圆胖胖的，看着它圆圆的，好可爱，好喜欢，和它玩一整天都不觉得腻。另一方面，白蛋好吃贪玩，很不听话，由于我对白蛋的喜爱，导致我对白蛋的喜欢上升到我对情感的思考，尤其是联系到我对人的情感思考。由于我对白蛋的无条件喜欢，我可以包容它干的一切事情——咬破我的袜子、到牛吃的草料里拉粑粑、早晨早早地叫我们起床、抢着吃猫食等一系列让家人炸毛的事情。妈妈有时生气到打它，而我既心痛又没办法，只能等着它被打完后赶紧安慰它、教育它。

看得出来，我照顾白蛋像母亲照顾孩子一般，从起居饮食到日常教育，都表现了母亲对孩子无微不至的关心，有细心、耐心、贴心甚至是溺爱。它越胡闹，就觉得它越可爱，越觉得纵容它就是我能给它最大的爱。这好似让我提前体验到对下一代的态度，即无条件的付出与溺爱。想到这里，内心不好的预感涌上心头，因为在我之前的认知世界里"溺爱孩子是不好的教育方式"以及对一些溺爱孩子的行为进行过强烈批评，但当我切身体验过后才发现，"意识里非常清楚溺爱不好，但忍不住还是溺爱"，所以说照顾白蛋不仅使我呈现出温柔细腻的母性一面，还让我看到自己母性一面的巨大缺点。这种无条件的付出与接纳好似是我之前从来没有过的生命经验，但细细想来好像它们早都隐含在我无条件地从家庭吸取养分又对家庭的安排无条件的付出与接纳中，只不过是我没有觉察到这种强烈的联结而已，而这次当我站在母性的角度真切体验时，方知"自我叙说与自我实践的往返展现"当为何物，它们会一直转一直转，转到主体通过生命故事成己之美才罢休（翁开诚，2011）。

"白蛋情"与修葺新屋的家庭经验享有"疫情期间"的共同叙事背景，这段故事的发生让我"呈现母性一面"。并且，它有助于我脱离与家庭很深的联结性，也就是对白蛋的喜欢与照顾让我反思我在家庭联结影响下的亲密关系态度。我能感受到与白蛋相处的一段时光里，我的内心好像对这只小狗的喜欢胜过我对身边所有男孩子的喜欢，它的一举一动很能牵动我的情思，前者表现在我从来没有对一个男生像对这只小狗那样上心过；后者是我离开了白蛋后特别想念它，想念它的感觉让我首次体验到思念情绪带给我的那种揪心之痛，然后想立马回到"我的狗"身边对它进行爱抚；也是让我第一次想一个东西想到哭，说实话我和父母分离后都没有这么偏激的感觉。现如今我在学校，每每和家人视频，总是会不自主地想起我的狗，想让家人跟我视频看一下白蛋，但一想起我就开始伤心，因为我只是隔着屏幕看到它，又不会在它身边，所以与其勾起我的伤心还不如直接不看，看完后我会更伤心，因为在难过的情感发生前就被抑制岂不是更好吗？我突然明白为什么我要屡屡拒绝我身边对我产生好感的男孩子了，因为我总觉得情感一旦联结，可能就是苦难与不幸的开始，自动跳过了其甜蜜和幸运，所以我的"假定情感"拒绝了所有的"要开始"，认定从来没有的"开始"好过"开始"过后带来的一切"情感纠纷"。如此说来，原来一直是懦弱的自己没有勇气去面对"开始"过后的事情，从来没有给过彼此机会，剩下的假想与后悔，更与何人说？而父母关系中由于"婚姻不幸福"所产生的所有后悔我们仨都有听到，导致姐姐甚至发出"看爸妈这样吵架我都不想结婚"的感叹。

由于所有的"不开始"产生的情感经历空白让我在应该发展亲密关系的阶段里更喜欢遐想"假如开始"后的场景与结果，"自传作者通常会根据未来调适他们的记忆"（Sarbin，2020：190）。我也不例外，故我倾向于将我高中时代对一个男生产生好感定义为"暗恋"（无论这种感觉有没有真正发生过），而这种情感经历对于高中时代的我们是非常常见的，所以此时陷入亲密关系停滞期的我想通过青春期的"暗恋"事件确认自己的亲密关系是发展正常的，至少可以解答我曾梦见"自己正在迎娶一位漂亮新娘"产生的困惑。在梦中我买了两套婚纱给她穿上，希望她漂漂亮亮，然后带着她乘车旅行。这个梦是我书写生命叙说文本的全貌之后准备要与文本对话时产生的。我当时产生了"或许自己是一位同性恋"的困惑，但结合我青春期亲密关系的萌芽以及我无数次幻想过自己真正有一天穿婚纱离开原生家庭的场景来说，"同性恋的困惑"不攻自破——我依旧幻想异性之间的爱情，只是我没有做好准备敞开心扉面对自己，只不过是没有遇到对的人而已。当然这些感悟是在我与文本对话之后了。

感情的世界纷繁复杂。帕斯卡尔认为，物理学和几何学中的理性不能充分表达情感的力量，用此种理性去理解饱含情感的人性是有困难的（梅，2010）。的确，师生情与"白蛋情"出现在我的生命经验当中，他们带给我情感的深刻体验已是我生命中不能承受其重之"情"，所以更不能放在天平上去衡量，而是我只能去体验，体验感受，体验意义，体验他们带给人性的光辉与暗淡。在明暗交相辉映中，或许我感受到的才是人性。虽然我达不到"以自己的才情和思想乃至挫折和苦难与时代相撞相生，共同谱就令人嗟叹回味的'抒情声音'"之境界（王德威，2019），但我也想在努力进取的人生旅途中铸造属于自己的"生命诗学"（丁兴祥，张继元，2014）。

六、结语：从无能感到情感解放的生命实践之行

（一）无能与认同：身份焦虑之路

作为学生的我，生涯叙事的连贯性很大程度上受到学业的影响。换言之，心理学学习者身份认同无法整合导致了我生涯叙事的不顺畅。由于主流心理学并不能在理智和世俗两个方面很好地满足人们的需要，所以心理学的科学地位一直受到人们的怀疑，它的大众形象也难以提高，学科也一直处于不被认同的危机之中（舒跃育，2013）。这是一个学科认同陷入危机的表现，同样在该学

科引导下的我，也产生了学习者身份认同的危机。埃里克森指出，一个人的自我理解（self-understandings）是共时性（synchronic）和历时性（diachronical）的整合，这使他位于一个有意义的心理社会位置，并提供给他的生命一定程度的统一和目的，那这个人就"产生"了认同（安格斯，麦克劳德，2020：189－190）。同样，我对心理学学习者的身份认同必须要在共时性和历时性两方面达到整合：在共时性上，认同整合当下学习生活中"作为一名专业的心理学学习人员在已然存在的'学科大厦'实做之事"和"作为一名心理学专业人员面向大众期许建构的'学科面貌'应做之事"两种不同的、可能相互冲突的角色和关系；在历时性上，从时间上整合"学习心理学之前和之后的我"对心理学的认知反差。然而我无法在这两方面同时达到整合或者是任何一方面做得也不是很好，因此，我产生了心理学学习者身份焦虑问题。

我的焦虑正如存在心理学家罗洛·梅所说："自我怀疑是一种每时每刻都会涌起的、会压倒性地阻碍他那弱小努力之发展的巨大技术力量。"而自我怀疑就是主体无能感的体现，当主体意识到这份无能感时就产生焦虑（梅，2010：41－43）。的确，心理学学习者身份焦虑问题的根源是我的无能感作祟，而且这种无能感是习得性的。习得性无能是指个人经历了挫折与失败后，面临问题时产生的无能为力的心理状态和行为（吴增强，1994）。而我的习得性无能感产生于一次次地面对家人问题束手无策，自己也情绪崩溃，一次次地被他人发问心理学专业的我如何看待某件事情而毫无底气，一次次地陷入生涯困惑而不能进行自我心理疏导与建设等。罗洛·梅还指出："人类内心所产生的焦虑是与他自己的潜能的确是成正比的。"这实在很符合我当前的心境，即我虽然觉知到自己的无能感从而产生自我怀疑，这让我焦虑，但我又确信自己有某种潜能没有被挖掘出来，挖掘潜能的愿望从我"努力出生"和"幼时努力成长"中也可得到确证。此时，这种确信和没有挖掘出来让我的身份焦虑更深了一层，我必须解决这种焦虑，解决的最好办法就是迈向身份认同。正因如

从无能感到情感解放：一位研究生在疫情期间透过生涯叙事迈向身份认同

此，才诞生了这篇旨在"迈向身份认同"的生涯叙说论文。可以看出，我的生涯叙说包含专业选择、职业探索和人生发展的心路历程，其中职业探索是占主导地位的一部分，其他作为辅助和背景衬托我的生涯叙说。

我对家庭诸多大小事的关心表现出我与原生家庭的强烈联结，这也是一份我不愿意脱离的联结，所以才会出现与前男友相处时发出"为什么女性要嫁到一个陌生的男性家庭去？感觉女性好可怜，要离开自己生活二十几年的家"这样"傻傻的质问"，是傻吗？不是，是我与原生家庭的强烈联结生生地拉着我，就像母婴之间的脐带联结。我毫不忌惮地通过这份联结，汲取自己所要的安全感和归属感，也就是这份对原生家庭无条件的依赖，让我感觉不需要再向外界建立新的联结和依赖，但也就是这种长期的不需要让我在自己想要以及应该要建立新的联结时失去了勇气和能力，这也就解释了为什么我在一段正常的亲密关系中一般都超不过三个月，以及再次面对同龄人的追求时发出的"本能拒绝"。是我不想吗？想，因为我无数次幻想过与他们试试的场景，但总是在实际上迈不出那一步。表面上我以他们不符合我的择偶标准为由，实际上是害怕自己难以建立像与原生家庭那样的安全感与归属感的联结。反而是我把这份想在亲密关系中所要得到的安全感与归属感投射到了与我父母年龄相当的师长身上，我依然想在这位师长面前表现出我在父母面前的"小女生"模样——天真烂漫、撒娇放肆，我们之间的互动俨然是我梦中"爱情的样子"。但在同龄人面前，我独立成熟、严厉冷面的范儿就出来了，这显然与前者的我是两面的，当这两面的我在面对同一件事就会产生焦虑，该焦虑一方面已经在我亲密关系的抉择上表现得淋漓尽致，另一方面，也体现在我的职业生涯选择上。

在职业生涯选择上，这份联结让我不愿长大，但家庭发展和社会要求需要我长大与独立，这其实让我无所适从，因为"总觉得自己还小"，但其实自己不小了。我一方面在忙着长大，迎合家里的需要和社会的要求，另一方面在自己长大后何去何从徘徊着；即使长大了，一方面要权衡家里的要求，另一方面要兼顾自己的现状与理想，在这双重矛盾中我焦虑了。但我通过"艰难爬坡"的最早记忆与生命经验不谋而合的联结以及让渡"家里老二"的家庭责任意识降低了我职业生涯选择的焦虑，再以学业方向的选择连贯我的生涯叙事。

那么在学业方向的选择上，我选择对于信念、期望和意义等意向状态带有极大热忱的"通俗心理学"（Bruner, J. S., 1990），因为人们对生活的理解和认同带有强烈而深刻的历史意义。通俗心理学涵盖广泛的有关人们为什么"选择"的解释，并且为我们怎样理解他人的行为提供了基础——我们对他人行为的反应都是基于我们怎么理解他们会做出什么样的"选择"，以及我们对于他人行为的本质的推断。通俗心理学也是我们理解这个世界究竟发生了什么的核心（安格斯，麦克劳德，2020：25）。在这里，我认为的通俗心理学或许就是"心理学专业的你知道我在想什么"的大众心理学[①]，这或许也就是我追求的心理学（顾诗佳，2016）。也只有这样，我才能从共时性和历时性上迈向心理学学习者身份的整合，而这具体的做法是希望自己通过叙事理解一个人。

（二）释怀与安心：未来实践之行

在心理学的"学科大厦"里，我内心时常高举"如果要去理解一个人，那我只能去倾听他的故事"的旗帜前行，却一直苦于没有学术证据和理论支撑，但现在我找到了，也敢这么去做了。标志着叙事心理学诞生的奠基之作——《叙事心理学：人类行为的故事性》中有这样一段表述："当我们理解某人时，我们就会理解他或她的故事；当一个人的故事晦涩难懂时，这个人就

[①] 指当代社会群众眼中的心理学，而非特指20世纪60年代末至70年代初的"大众心理学"（popular psychologies）。

会被误解或难以理解。心理学家总是依赖故事，因为单凭故事，人类就能证明自己。"（Sarbin，2020：214）还有这本书中"连贯、断裂、整合、完整"等词的出现与解释使我放心大胆地敢去使用这些词进行叙事研究实践了。

再次回到我最初在疫情期间引发的心理学学习者身份焦虑，它激发了我的核心信念①——无能感。我知道在疫情期间提升我的心理学感悟能力已是无望，所以我就从实际出发力荐爸爸修葺新屋以推进家庭变化的进程，但这里的变化并不包括我割舍掉与家庭的联结，还只是为"五口之家"的和睦"劳心费神"，试图在这件事上再次展现自己掌握"核心话语权"的能力。结果这件事确实证明了我的能力，填补了我的无能感，这从妈妈的心情变好和家庭面貌的焕然一新以及家庭结构的准备变动中可以看出来，这是看得见的效果。而看不见的效果是我与修葺新屋的生命经验对话后与自己"最早记忆的艰难爬坡"产生情感共通，从而将自己长久以往"老二要撑家却又撑不起"的无奈与辛酸解放出来，包括小学课业优秀的自己遭遇了高中课业下滑后又在大学时期重拾自信，但又在研究生学习心理学后再次面对身份焦虑以及沿途的亲密关系等问题，它们都在我即将步入人生的下一个阶段时聚集起来让我无所适从。但我没有任由它们继续让我不适，而是通过让渡给姐姐和弟弟将自己强加的家庭责任意识弱化、强忍抵触正视过往的亲密关系以便推动未来的正常发展、坚定自己硕士论文叙事主题的决心、推行自己在实习单位的叙事实践等让我适应，更为深刻的启示是我坚定地要在心理学的"大厦"里选择叙事研究与实践这一条路。因为叙事取向带给了我感通，所以我期许这样的实践研究在发现自我潜能之余，更能用自己的生命经验去贴近他人的生命经验，这样就不用在他人问我是否会读心时想着怎样去解释"我不会读心"的尴尬与无奈，这也不枉一位研究生在新冠疫情期间以探索生涯意义的艰难叙事。艰难过后，便是释怀与

---

① 认知行为疗法认为人有三大核心信念：无能感、无价值感和不可爱。详见 Beck, J. S. (2019). 认知疗法基础与应用 (第二版) (张怡,孙凌,王辰怡, 等, 译; 王建平, 审校). 北京: 中国轻工业出版社.

安心的情感解放，那时便也是身份认同的绽放！也就是说在共时性和历时性上迈向心理学学习者的身份认同，用自己长期探索职业生涯的生命经验指导叙事研究与实践。在此过程中，我便在时间的纵向（过去、现在和未来对自身有意义身份角色的连续性和一致性）和空间的横向（自我、他人和社会对自身有意义身份角色的连续性和一致性）上逐渐整合了自己的身份认同。

最后我想说的是，我是将"无法解决家人问题"看作身份认同的爆发点，也就是这件事成为我身份认同焦虑的强烈集结点，加之家人以及外人本身对心理学存在的"非理性期待"（如诸多一听我是心理学专业的想当然的看法），虽然我是顺着这样的大众思路才有了"家人问题"与"身份焦虑"联结的思考，但并没有将前者论为后者的根源。身份认同焦虑的根源一方面源于心理学本身的学科同一性问题，另一方面源于自身对心理学研究方向的选取与研究实践的操练问题，也就是说在认知上和行动上的投入不够，如果能"知行合一"，便能从无能感达到真正的情感解放。

回看心理学本身的学科同一性问题带给一位跨考心理学的研究生的困惑，我也像大多数人一样，曾站在心理学的大门外向门内伸头张望，我以为只要进去，就能以心理学理论透彻身边的案例，还一个幸福美满的家庭，还能立起自己大写的"心理学学习者身份"。但进入门内我发现好像不是这样的，门内主客二分的理性主义让我无所适从，随即没了方向与动力，当时的初心也不知所踪。迷茫了一学期之久，我终于在学期末才找到好似适合自己的叙事心理学方向，一路走来，方知这样的尝试是适合自己的。

在找到合适方向后，依然默默行进，而在疫情下的居家隔离期给我所有感知与行为的发生提供了大背景，是这个背景提供给一个从小不断努力奋进的小女孩停下脚步切身地面对自己的生命经验的机会，故在这个背景里我与家人相处时的"眼泪为谁而流"与"新屋换旧屋"就是我驻足回看的契机。换句话说，如果不是因为疫情，我就不会待家里很久；如果不是待很久，我就不会和父亲探讨一些话题；如果不是探讨一些话题，我就不会力荐父亲修葺新屋；如果不是修葺新屋，我就不会被唤起"最早记忆"的相似场景；如果没有这些场景的不谋而合，我就不会由衷地自我叙说，更不会剥开自己的无能感，并试着迈向情感解放的路径，面对师生情、拥有"白蛋情"更是无从谈起。遂这篇论文从2万字的故事到6万字的故事再凝练到2万字的叙说论文，表面字数的变化蕴含着我通过故事成己之美，在自我叙说与自我实践中往返展现，而这展现出的正是自我修身、自我探究的行动研究（翁开诚，2011），即自我叙说的过程也是自我认同及心理学学习者身份认同的过程，在自己的生命经验中理清自身发展脉络，从而在研究实践中达成自我修身与探究，做好这门"生命的学问"。

参考文献

阿德勒, A. (2019). 自卑与超越 (马晓佳译). 北京: 民主与建设出版社.

埃里克森, E. H. (1998). 同一性: 青少年与危机 (孙名之译). 浙江: 浙江教育出版社.

埃里克森, E. H. (2018). 童年与社会 (高丹妮, 李妮译). 北京: 世界图书出版公司.

安格斯, L. E., 麦克劳德, J., 主编 (2020). 叙事与心理治疗手册: 实践、理论与研究 (吴继霞等译). 北京: 北京师范大学出版社.

丁兴祥, 张继元 (2014). 生命诗学: 心理传记与生命叙说的新开展. 生命叙说与心理传记学, 2, 1-24.

顾诗佳 (2016). 投缪河: 在亲情人伦的流动中生成. 硕士学位论文, 辅仁大学, 台湾.

何吴明, 郑剑虹 (2019). 心理学质性研究: 历史、现状和展望. 心理科学, 42 (4), 1017-1023.

贾萌萌, 任艺, 沈可心, 王广洲, 王东, 康丽颖 (2018). 父母责任的代际传承: 家庭教育百年回眸——基于50个中国家庭的教育叙事研究. 教育学术月刊, (7), 46-54.

蒋京川, 叶浩生 (2006). 论后现代心理学的定位与理论存疑. 南京师大学报 (社会科学版), (2), 101-104.

莱昂斯, E., 考利, A. (2010). 心理学质性资料的分析 (毕重增译). 重庆: 重庆大学出版社.

李明 (2016). 叙事心理治疗. 北京: 商务印书馆.

李明, 杨广学 (2005). 叙事心理治疗导论. 济南: 山东人民出版社.

李然, 郭永玉 (2012). 叙事: 心理学与历史学的桥梁. 心理研究, 5 (2), 3-9.

李文玫 (2019). 在文本世界中修炼: 叙事文本的解读、分析与诠释之道. 第二十二届全国心理学学术会议, 杭州.

李文玫, 郑剑虹, 丁兴祥, 主编. (2012). 生命叙事与心理传记学. 台湾: 龙华科技大学通讯教育中心.

刘宪阁 (2017). 学科焦虑的背后. 青年记者, (28), 93.

梅，R.（2010）．心理学与人类困境（郭本禹，方红译）．北京：中国人民大学出版社．

甯国兴（2015）．创伤与救援：一个咨商师的工作叙说与反思．生命叙说与心理传记学，3，147–170．

施铁如（2002）．心理咨询与治疗中的叙事方法．中国心理卫生协会青少年心理卫生专业委员会第八届全国学术会议论文集．

施铁如（2003）．后现代思潮与叙事心理学．南京师大学报（社会科学版），（2），89–94．

施铁如（2004）．语境论与心理学的叙事隐喻．华南师范大学学报（社会科学版），（4），95–100．

施铁如（2010）．口述历史与叙事心理学．广东教育学院学报，（1），45–49．

舒跃育（2013）．心理学危机的实质与解决方案．心理科学，36（6），1510–1516．

宋文里（2019）．叙说方法论的再反思．生命叙说与心理传记学，3，1–24．

孙佳婷，施登尧（2016）．探究跨国历程的流转与归返：一位垒球教练之自我叙说．生命叙说与心理传记学，4，55–77．

谭天（2020）．说再见：通过书写在悬宕中找寻美感与自我认定．硕士学位论文，辅仁大学，台湾．

翁开诚（2007）．成人之美的在地实践（二）．中国心理学会：第十一届全国心理学学术会议论文摘要集，河南．

翁开诚（2011）．叙说、反映与实践：教学、助人与研究的一体之道．哲学与文化，38（7），75–95．

吴增强（1994）．习得性无能动机模式简析．心理科学，（3），188–190．

吴东彦，刘志如（2016）．与内在真我的相遇：一个心理师个人与专业的孵化历程．生命叙说与心理传记学，4，79–104．

辛赞（1996）．出生顺序与个性之谜．国际展望，（21），16–18．

杨烁晨，余劲（2020）．家庭生命周期视角下风险冲击对贫困的影响——基于秦巴山连片贫困区的实证分析．干旱区资源与环境，34（8），59–65．

张慈宜（2014）．在无名的生活中突围：一位台湾水电工为尊严进行斗争的故事．生命叙说与心理传记学，2，215-240.

张继元（2019）. 度男魂女魄之情：徐志摩的解放与实践. 博士学位论文，辅仁大学，台湾.

张蕾，张继元，杨玲（2020）. 跑道上的自己：透过自我叙说发现童年独立小女孩的养成. 生命叙事与心理传记学，（7），1-19.

Schultz, W. T.（2011）. 心理传记学手册（郑剑虹，谷传华，丁兴祥等译）. 广州：暨南大学出版社.

Sarbin, T. R., 主编. (1986/2020). 叙事心理学：人类行为的故事性（何吴明，舒跃育，李继波译）. 北京：北京师范大学出版社.

Angus, L., Levitt, H. & Hardtke, K.（1999）. The Narrative Processing Coding System: Research Applications and Implications for Psycho-therapy Practice. *Journal of Clinical Psychology*, 55, 1255-1270.

Bruner, J. S.（1990）. *Acts of Meaning*（Vol. 3）. Harvard University Press.

Erikson, E. H.（1958）. *Young Man Luther: A Study in Psychoanalysis and History*. Norton: Library of Congress Cataloging-in-Publication Data.

Glick, P. C.（1947）. The Family Cycle. *American Sociological Review*, 12（2），164-174.

Hegna, K.（2019）. Learner Identities in Vocational Education and Training — from School to Apprenticeship. *Journal of Education and Work*, 32（1），52-65.

JaMes, W.（1890）. *Principles of Psychology*. New York, NY: Henry Holt.

McAdaMs, D. P.（2001）. The Psychology of Life Stories. *Review of General Psychology*, 5（2），100-122.

Feeling Emotionally Liberated from Incompetence: A Graduate Student during the Epidemic Approachs Identity through Career Narrative

Wei Run-zhi　Zhang Ji-yuan　Shu Yue-yu　Yuan Yan

(School of Psychology, Psychobiography Institute, Northwest Normal University, Lanzhou, 730070)

／ Abstract ／

This research takes a graduate student's career exploration during the COVID – 19 epidemic as the theme. Through self-narration and sorting out the previous life experience, it explores how I, who caused anxiety about the identity of a psychology learner during the epidemic, can approach identity. It turns out that the root of identity anxiety is incompetence. On the one hand, the sense of incompetence is manifested in the incoherence of my career narrative and the sense of narrative feelings nowhere to go under the influence of family bonds and family responsibilities; on the other hand, it manifests in the inability to integrate the identity of psychology learners. Through self-narration, the continuity of career narratives, the placement of narrative feelings from inability to feel emotionally liberated, and the integration of synchronic and diachronical identity of psychology learners are realized. Finally, these cognition and emotional communication will guide me to practice narrative research firmly and approach identity.

／ **Keywords** ／

COVID – 19, Career narrative, Self-narrative, Identity, Narrative feelings

"90后"研究生的孤独感
——焦点团体访谈与扎根理论探索[*]

肖 瑞　杨莉萍[**]　谭梦鸽

（南京师范大学心理学院，南京，210097）

/ 摘　要 /

研究通过3个团体，每个团体2次的焦点访谈收集材料，对访谈内容进行逐级编码和扎根理论建构，探讨"90后"研究生的孤独感及其表现形式和发生过程，运用参与者检验法、非参与者检验法对研究结果进行效度检验。得出以下结论：（1）"90后"研究生的孤独感表现为当个体缺乏支持或不被接纳时，感受到与自己或与周围世界（人、事、物）的联系出现断裂，由此产生的主观距离感和某种分离体验；（2）孤独感的产生与个体差异、过往人际关系（家庭关系、同伴关系、亲密关系）及现有不良处境

---

[*] 项目来源：2019年度江苏省社会科学基金一般项目（基金编号：19SHB007）。
[**] 通讯作者：杨莉萍，教授，博士生导师，E-Mail: lpy2908@163.com。

等多方面因素有关；（3）孤独感的情绪体验是消极的；表现为情绪低落、沮丧，并伴随悲伤、委屈、愤怒等强烈负性体验，但对孤独感的认知体验及应对方式可能是消极的，也可能是积极的。消极的认知和应对使个体回避与自己及周围世界的联系，而积极的认知和应对则有利于个体重新建立与自己及周围世界的联系；（4）与人交往的主动性和对差异的接纳，作为两个维度，可初步识别个体的孤独感水平；（5）孤独感具有双重作用，表现为消极态度和应对会产生负面作用，个体感觉与自己，与周围的人、事、物之间的距离越来越远，建立联系的能力越来越弱；而积极态度和应对会产生正面效果，包括个体自我力量的增强、人际交往能力的提升等。

／关键词／

"90后"研究生，孤独感，焦点团体，扎根理论

一、引言

心理学领域对孤独感（loneliness）的研究始于20世纪70年代（Weiss, 1973），不同学者从不同的视角对孤独感进行了诠释。Weiss在《孤独：情感和社会孤立的经历》中，从认知加工的角度出发，将孤独感定义为"当个体感觉到缺乏令人满意的人际关系，个体对交往的渴望与实际交往水平产生差距时的一种主观心理感受或体验"（Weiss, 1973）。Peplau等同样认为，孤独感源于个体渴望的社交关系网络和实际的社交关系网络之间存在差距

（Peplau & Perlman，1982）。

　　Gierveld 更加强调孤独感作为一种个体的主观感受。他认为，孤独感是当个体知觉到自己与他人处于社交隔离状态或接触不足时产生的不被接纳的痛苦体验，是一种主观上的社交孤立状态（De Jong Gierveld，1987）。Schmidt 等人认为，人际关系的现实体验与自我期望之间产生差距而萌生的失落感，是孤独感产生的主要原因（Schmidt & Sermat，1983）。黄希庭认为，孤独是一种负向的情绪体验，即个体渴望人际交往和亲密关系却又无法满足而产生的一种不愉快的情绪（黄希庭，2004）。以上各种理论虽然视角不同，但在很大程度上具有一致性：孤独感是由于人际交往不足导致的主观体验，即个体在人际交往过程中因需求得不到满足而产生的消极心理体验或感受。

　　然而，有学者认为，现代人的孤独感不是简单的人际交往问题。李艺敏等人在构建孤独感的结构时，提出社会孤独感的概念，即个体不能很好地将自己的价值观与社会主流价值观融合在一起导致的一种适应不良的情感体验（李艺敏，蒋艳菊，李新旺，2006），从社会环境的角度对孤独感进行解读。

　　黄国平等人则认为，孤独感存在于社会生活的各个方面，是个体期望的需求无法得到满足或者缺乏足够的社会支持资源而产生的一种孤立无援的情感体验（黄国平，柳友荣，2016），该理论将孤独感从人际需求层面延伸到更大的社会需求范围之中，包括人际关系中提供的物质及资源支持。由此可见，孤独感可能不仅局限在人际关系层面，还涵盖物质资源、社会环境、主流价值观等更广阔的领域。

　　研究表明，孤独感是一个风险因素，对抑郁具有正向预测作用（李晓玉，高冬东，杨杰，刘云，2017），会对个体的身心健康造成不良后果，包括引发抑郁症状（Cacioppo, Hawkley & Thisted, 2010），影响个体的自杀意念（李艳，朱蓉蓉，何畏，潘莉，李志明，2018），导致不良的身体状况（Caspi, Harrington, Moffitt, Milne & Poulton, 2006），提升死亡率（Holt-Lunstad, Smith, Baker,

Harris & Stephenson，2015），等等。孤独感是一种负面的情绪体验，虽然短期不会对个体造成太大的影响，但如果个体长期沉浸于低落的负面情绪中，则会造成生理、心理上的障碍和问题。

内心的孤独感是现代社会人类比较普遍的心理问题。笛卡尔那句著名的"我思故我在"将主、客体分离，有界自我的典型特点便是以自我为核心，在与周围人的比较中谋求个人成功，由此导致现代人的自尊敏感，以关系作为谋略，和针对所有人的竞争（Kenneth J. Gergen，2009/2017）。

"90后"受多元文化、新的价值取向的影响，价值观的多元化会导致更多的人际冲突。此外，西方个人主义、拜金主义的价值观也逐渐渗透进来，许多世界观不成熟的青年把市场经济中的价值尺度直接引入人生价值观中，过分注重个人的、眼前的利益，追求个人享乐主义，过分功利（臧蕾，2007）。与此同时，网络技术的发展使得"90后"长期沉浸在虚拟现实中，缺乏对于真实世界中人际关系的关注，忽略现实生活中的人际交往。在多元化、信息化、物质丰富的和平年代，"90后"群体所处的成长环境使得人与人的交流和沟通变得更加困难，可能导致更普遍、影响程度更大的孤独感体验。

对于"90后"研究生而言，人际关系尤其是亲密关系的建立，对个体是否体验到孤独感十分重要。"90后"研究生处于青年早期，根据埃里克森的八阶段发展理论，该阶段的主要任务是建立亲密关系以避免孤独。然而，出生在个人主义的时代，自我意识的高度觉醒使个体更多关注自身而非他人，"90后"研究生可能更倾向表现自我，而不擅长与他人进行交流分享。作为独生子女的一代，长久待在学校象牙塔中的"90后"研究生，由于缺乏社交环境，以及对社交技巧和能力的锻炼不足，可能导致人际交往不能满足自身需求，引发孤独感。总的来说，"90后"研究生成长的社会环境和文化背景，以及研究生群体的自身特点和发展任务，使得该群体缺乏足够的人际交往，可能更易体验到孤独感。国内虽然对于"90后"研究生孤独感的研究较少，但也有一些研究表明，研究生的人际信任程度处于中等偏下的水平（宋智辉，2013）；研究生的人际信任与孤独感之间存在显著负相关，即人际信任水平越低，孤独感水平越高（金艳玲，顾昭明，2010；李冬梅，2015）。

基于以往研究可以看到，"90后"研究生群体受到当前社会文化背景的影响，正处于建立亲密关系避免孤独的关键阶段，可能体会到更多的孤独感，然而已有文献并未对该群体的孤独感进行较多深入探索。就国内研究而言，缺乏符合我国情况的"90后"研究生孤独感的研究模型。此外，以往研究主要对孤独感进行量化研究，在这个过程中，孤独感群体往往作为研究对象，被动参与研究过程当中。然而，孤独感是一种复杂的心理体验，如果能够让研究对象主动参与研究，进行由研究对象发声的局内人研究，可以对孤独感进行更深入的理解和探讨。基于上述问题，本文试对"90后"研究生的孤独感进行深度研究。具体采用焦点团体访谈收集资料，采用扎根理论方法对资料进行分析，通过探索"90后"研究生孤独感的发生情境、体验状态、影响因素及后果作用等方面的内容，建构有关"90后"研究生孤独感的理论模型。

二、研究方法

（一）焦点团体和扎根理论的方法

1. 焦点团体访谈用于心理学研究

焦点团体访谈最初在市场研究相关领域被大量使用，以探究消费者对于某些产品设计及服务的需求和偏好（Krueger & Casey，2000/2007）。在市场研究中，访谈对象人数往往为4—12人一组，并以6—8人为宜；每个团体进行一次集中访谈，时间为2小时；同一主题，同一类型研究对象，访谈团体以3—

4人最佳。随着焦点团体访谈在其他领域的发展，尤其是学术领域对于访谈内容的深度进行了更高的要求之后，对于访谈时间及访谈人数的要求也变得更加灵活，以适应不同领域不同研究的需求。

最近几年心理学研究开始引入焦点团体访谈作为收集研究资料的方式。杨莉萍（2008）利用焦点团体访谈对四种不同的师生交往模式进行过探索，李阳（2017）的硕士论文《"90后"的孝道及其影响因素》以及程永佳（2016）的博士论文《群际偏见：基于关系主义视角的研究》也都使用了焦点团体的研究方法。这些都为本研究提供了基础和借鉴。

在学习前人研究的基础上，本研究设计对3组团体进行访谈，每组访谈2次，每次访谈时间为1.5—2小时。

2. 扎根理论

扎根理论方法是社会学家格拉泽和施特劳斯在建构关于死亡过程的分析中，形成的系统的方法论策略。他们认为，质性研究方法能够超越描述性研究，进入解释性理论框架的领域（Charmaz, 2006/2016）。

扎根理论研究提倡开放地面对资料，从资料中生成理论——通过对原始资料进行层层分析编码，建构具有本土特色的解释性理论框架。国内对扎根理论方法的使用主要集中在医学、教育学、心理学等学科领域。本研究通过对"90后"研究生孤独感体验的访谈资料进行分析，运用扎根理论方法，建构"90后"研究生孤独感的理论模型。

（二）抽样与样本描述

采取目的性抽样的抽样策略，以及强度抽样的抽样方式，选取能够提供高强度及高密度信息的个案进行访谈研究。根据访谈对象的特征及当前的时代背景，通过QQ、微信等方式在研究生群体中发放招募书，招募书中简要介绍主题、参与者权利义务，以及时间地点等重要信息。每次招募人数为6—8人，分三次进行招募。

最后选取具有孤独感体验且自愿参加团体访谈分享个人体验的研究被试共21名，出生年份从1991年到1995年不等。其中，男生5人，女生16人；独生子女12人，非独生子女9人。受访者信息如表1所示，基于保密原则，研究者对每一位受访者进行编号，用两位数字表示，十位数代表所在团体的编号，个位数代表受访者在团体里的编号，例如"11"是指第1组受访团体中，编号为1的受访者。

表1 受访者信息表（N=21）

编号	出生年月	性别	家庭子女数（排行）	年级	籍贯省份
11	1993.1	女	2（1）	研二	江苏
12	1994.7	女	1	研二	湖南
13	1994.1	女	1	研二	江苏
14	1994.11	女	2（1）	研二	湖南
15	1994.5	女	2（1）	研二	江苏
16	1994.1	女	1	研二	安徽
21	1994.9	女	2（1）	研三	湖南
22	1994.12	女	2（1）	研三	安徽
23	1992.7	女	1	研二	黑龙江
24	1994.1	男	1	研二	江苏
25	1994.8	男	1	研三	江苏
26	1994.8	女	1	研二	河南
27	1994.6	男	1	研三	河南
28	1994.11	女	1	研二	江苏
31	1991.8	女	2（1）	研二	山东
32	1993.4	男	2（1）	研二	福建

(续表)

编号	出生年月	性别	家庭子女数（排行）	年级	籍贯省份
33	1995.12	男	2（2）	研一	江苏
34	1994.10	女	1	研二	安徽
35	1995.1	女	1	研二	四川
36	1994.12	女	1	研二	山东
37	1994.12	女	2（2）	研二	安徽

（三）焦点团体的人员构成

本次研究共访谈了 21 个访谈对象，分为 3 个团体，每个团体访谈 2 次，表 2 为焦点团体访谈的时间、地点、人数情况。

表 2 焦点团体访谈时间、地点、人数情况

焦点团体	时间	地点	访谈对象/人	时长/h	协调员/人	观察员/人
第一组	2018.5.18	研楼204	6	1.7	1	/
	2018.5.19	研楼204	6	1.7	1	/
第二组	2018.9.18	研楼204	8	1.7	1	1
	2018.9.19	研楼204	6	2	1	/
第三组	2018.11.29	研楼204	7	2	1	2
	2018.11.30	研楼204	7	2	1	1

焦点团体的人员构成有：协调员、观察员和访谈对象。在焦点团体研究中，协调员即是研究的发起者，即研究者自身。本研究中，研究的发起者只有一人，因此协调员人数为 1。访谈过程中，协调员坐在团体成员中间，主持整个访谈工作的进行。首先，协调员需要根据访谈提纲在团体中进行提问，引导话题的进行；其次，协调员也需对受访者的表述进行回应并根据情

况发表自己的看法或表达疑问；最后，当成员之间发生观点冲突，秩序变得混乱，或者交流偏离主题时，协调员需要对此进行干预和引导，以使团体恢复秩序，回归主题。协调员的称呼意味着研究者与招募成员之间是平等关系，研究者的存在不是为了主导团体访谈，而是在访谈出现秩序问题的时候进行协调。

观察员即研究助理，辅助协调员完成访谈工作。在焦点团体中，观察员一般为1—2名，以2名为佳。由于观察员需要具有较高的觉察能力，且需要进行前期培训，研究者由于经验不足，准备不够充分，因此第二组焦点团体第一次访谈时邀请了1位观察员辅助访谈工作。第三组焦点团体第一次访谈时邀请了2位观察员辅助访谈，但在第三组第二次访谈时，1位观察员临时有事请假，无法快速找到替补观察员，因此仅有1位观察员。

观察员的工作贯穿整个访谈过程。在访谈开始前，观察员帮助协调员进行现场布置；访谈过程中，观察员坐在团体外围，记录访谈过程中出现的关键性观点和内容，并对团体动力的变化进行观察（即团体成员之间互动氛围的变化，以及个体的互动倾向：什么时候团体互动较为活跃，什么时候互动陷入停滞或对抗，哪位成员发言较多，哪位成员的互动较多，哪位成员缺少互动，哪位成员几乎不发言，等等）。此外，观察员需要对活动过程进行拍照记录，并提供热水和点心；在访谈结尾部分，观察员需要对访谈过程进行反馈，包括对协调员的反馈及对团体其他成员的反馈。

访谈对象即是参与访谈的受访者。他们组成6—8人的样本团体，代表"90后"研究生群体表达观点。作为样本，这些访谈对象具有一定表达能力，具有交流和分享的意愿，能够为研究者提供较为丰富的研究资料，同时对研究者的访谈内容及主持工作进行反馈。如图1所示，协调员坐在团体内部，用六角形标明，观察员坐在团体外部，用五角星标明。

图1 焦点团体访谈人员位置图

三、研究过程

研究过程分为三部分：通过焦点团体收集访谈资料；通过扎根理论对收集资料进行分析，建构理论模型；进行研究结果的效度检验。

（一）资料收集

1. 研究准备

（1）设计访谈提纲

访谈是半结构化的对话，即在访谈过程中，所有的互动和谈话内容需要围绕特定的研究主题展开。因此，在访谈前进行访谈提纲的设计至关重要。研究者需要根据访谈的时间以及访谈的内容，设计一系列由浅入深的问题，以使参与者能够在研究者的引导下逐渐深入主题探讨，为研究者提供丰富而有深度的访谈资料。

为了得到丰富的研究资料，需要将三种类型的问题——主要问题、追踪问题和探测性问题结合起来使用。**主要问题**是访谈的骨架，其作用是围绕主题进行宽泛的探索，以保证主题相关的各个方面得到探讨，以建立完整的资料框架；**追踪问题**是针对回应的提问，研究者就参与者观点及解释中的主题和概念进行深入挖掘，以获得更加细节和具有深度的内容；**探测性问题**则针对一些模糊不清的内容，邀请参与者呈现更多例子，起到澄清和补充的作用。

此外，访谈过程中还可以结合其他形式，例如画画、列表格等多样的方式，促进访谈过程的趣味性和多样性，帮助参与者更好地融入访谈中。

本研究围绕"'90后'研究生孤独感的起因、过程及意义"，从孤独感的发生、过程（包括情绪体验及行为应对）、影响（积极及消极影响）三个方面进行设计，每个方面设计2—3个主要问题，以形成访谈提纲的整体框架。此后，研究者通过阅读大量文献及书籍资料，并进行预访谈，事先确定一些可能的追踪问题及探测性问题。在访谈过程中，研究者根据团体的特征及访谈中获得的反馈，反复修改访谈提纲，以适合不同的访谈团体，访谈流程如下。

第一环节：焦点团体访谈开始。首先对大家的参与表示感谢和欢迎，简单介绍研究者的身份及研究助理（观察员），然后介绍访谈的主题、流程，以及互动的规则和秩序，邀请参与者对不明白的地方进行提问，并开始正式的主题讨论。

第二环节：访谈提问。

以下是一次焦点团体的访谈提纲框架（以第三组第一次访谈为例）。

①首先想要问问大家，在今天的访谈中，最想要讨论和了解哪一方面的内容？

②当提到"孤独感"这个词时，大家心里最先想到什么画面，简单说一说？

③请大家用彩笔画出自己印象深刻的一次孤独感的体验。

④大家认为在这个场景中,孤独感是怎么发生的?

⑤你的感受怎么样?

⑥那个时候你做了什么,你是怎么去面对这种感觉的?

⑦你觉得,这次孤独感的体验给你的后续生活带来了什么影响?

⑧大家有类似的体验或者不同的观点,有想要分享的吗?

第三环节:结束访谈。在访谈的尾声,首先对大家积极参与访谈进行感谢,并对过程中的访谈内容进行小结;然后请访谈的参与者分享参加访谈的感受,并提出一些建议和反馈;最后请两位观察员对整个访谈过程中的团体动力变化及访谈内容进行总结和反馈。

(2) 研究者身份反思

在质性研究中,研究者本人作为"研究工具",对自身立场及研究关系进行反思具有十分重要的意义。研究者成长于特定的时代背景及生活环境,对于交流内容及文本资料的理解具有一定的主观性,通过对研究者个人立场及"局内人"研究关系的反思,可以使研究者更好意识到主观性的部分,并进行自我调整。

一方面,研究者作为"90后"研究生,对孤独感体验深有感触。在研究生期间,研究者希望能够更多地与他人分享一些心理学的观点和想法,并进行交流讨论获得反馈。然而在大部分时间里,研究者找不到可以回应的人,并产生一种失落的感受,在这个过程中体验到孤独感。研究者很好奇是否他人也有类似的孤独感体验,并对孤独感的成因产生了疑问,想要进行相关主题的探索。

另一方面,尽管有局外人对这一主题表示质疑,研究者仍然坚持自己的研究立场。研究者认为"90后"群体出生在物质优渥的时代,其对于精神层面的需求远远超出了以往年代的群体,孤独感作为一种与精神层面及人际交往高度相关的议题,值得研究和探索。

同时,作为"局内人",研究者需要与"局外人"进行交流,以避免视角的局限性。作为"局内人",研究者能够对访谈对象的观点、想法及情感、行为产生更多的共鸣,并适当给予反馈以促进访谈内部的交流与问题探讨。而劣势则是研究视角存在一定的局限性。由于处于相同的文化环境中,研究者对于一些本土性的概念、隐含的逻辑规律等方面缺乏敏锐性。相比于"局外人","局内人"的身份更难意识到文化背景里"约定俗成"的部分。因此,与"局外人"进行交流获取反馈,同时不断地反省自己的生活经验、价值观念、身份特征及与受访者的研究关系等方面,对于提高研究内容的严谨性、灵活性及精确性至关重要。

(3) 知情同意书与受访者信息库的建立

知情同意与受访者信息库的建立开始于被试招募,并以知情同意书的现场签署作为结束。在招募书中,研究者简单罗列了研究主题、访谈对象的权利义务以及可获得的利益,使受访者对研究情况有了大致的了解。确定访谈对象后,双方对知情同意书中各个条目进行协商,并着重提到保密原则、无条件退出原则,保证访谈对象的信息安全和隐私,以及受访者的权利义务,保证参与者了解并接受各项条款。受访者信息库,主要是收集访谈对象的基本信息,并记录访谈地点、时间及次数,以备核查。在访谈开始前,研究者邀请参与者签署纸质版知情同意书,填写受访者信息表,并编号收集归档,完成知情同意与受访者信息库的建立。

(4) 进入研究现场

在访谈约定时间开始前1小时进入研究现场,与研究助理(观察员)一起对现场进行布置,内容包括知情同意书、来访者信息表以及空白A4纸(每人一份);一盒彩笔,4支黑色签字笔;手表1只,手机1个,录音笔2支,录像机1台(配三脚架)。

进入现场后,首先研究者与研究助理根据人数,将对应数量的椅子摆成一个圈,保证椅子之间的距离均匀合适,并将录像机放在房间角落,调整好拍摄角度。其次，将文件、纸笔工具及录音笔放在研究者身后的桌子上，方便拿取。最后，根据团体位置，在团体外围摆放研究助理的座位，并准备好热水和点心，如图2所示。

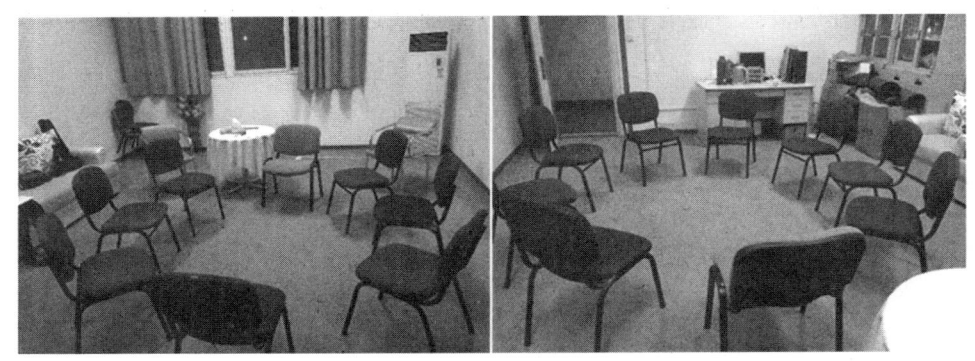

图2 焦点团体现场布置图

使用两张照片展示整个现场布置。如图2所示，左边的图是站在门边拍摄的，右边的图则是站在门正对面的墙边拍摄的，两张图的拍摄角度处在房间的中轴线的两端。左图中的圆形桌子用来放置填写所需的材料、纸笔、手机以及一支录音笔；右侧图中右上角的方形桌子用来放置另外一支录音笔以及热水点心，桌子右边用来放置录像机和三脚架。

2. 焦点团体访谈过程

访谈开始前请访谈成员签署知情同意书。访谈开始后，由主持人（协调员）与访谈对象围成圈坐在一起进行访谈，观察员坐于团体外围进行观察记录。这一过程中，协调员根据访谈提纲进行提问，引导团体访谈进程，保证访谈内容围绕研究主题展开，并及时协调团体成员间的言语分歧或冲突。访谈结尾部分，由观察员进行现场反馈，提出对协调员及访谈过程的意见建议。

为了促进团体成员间的互动以更好地收集访谈资料，研究者采用绘画的方式激发受访者对自身孤独感体验的回忆与思考。在第一次访谈开始 5—10 分钟后，研究者邀请参与者将自己印象深刻的一次孤独感体验的场景画下来，以促进对自身经历的回忆；在第二次访谈的开始阶段，研究者则邀请参与者给自己从出生以来的孤独感体验水平 1—10 打分并画成折线图（横轴为年龄，纵轴为孤独感水平，0 为没有孤独感，10 为孤独感水平最高），以帮助受访者更好地审视自己各个人生阶段的孤独感体验。通过绘画，参与者能够更全面地审视自己的孤独感的经历，并在分享中获得意想不到的领悟，绘画示例如图 3 所示。

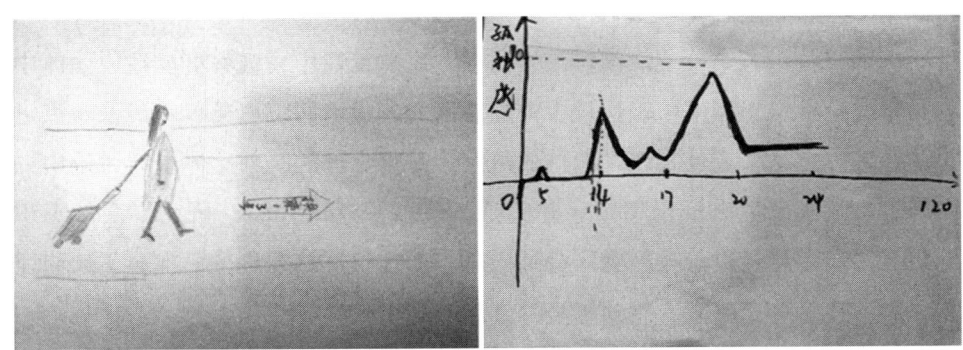

图 3　受访者绘画成果示例

在焦点团体访谈过程及结尾部分，参与者及观察员会提出一些建议和反馈。

（1）访谈过程中，参与者的一些提问帮助研究者对问题表述进行反思。例如，在研究者提问的时候，一些参与者会对某些问题表述产生疑惑，进而提出自己的疑问，此时协调员则认真向参与者解释，并记录表述不清的问题。

（2）访谈结尾部分，某些参与者会对研究者的主持风格表达看法。在第二组第一次的访谈结束时，有参与者表示，研究者的主持风格过于柔软，对于探讨过程中的一些偏题的讨论没有及时进行处理和引导。研究者反思自己在讨论过程中，因为担心打断对方而引发对方的不悦，反而耽误了团体的时间，在之后的焦点团体访谈中，坚定自己作为主持者的工作，遵循团体利益最大化的标准，而非过于随和。

（3）在每次焦点团体访谈的尾声，研究者会邀请团体外围的观察员对访谈过程进行反馈。有趣的是，几位观察员均表示，虽然自己对于研究主题也有自己的看法，却在整个过程中无法表达看法，内心有些"煎熬"，因此对于结尾的反馈异常期待。一部分观察员对焦点团体访谈的重点内容进行记录和总结，另一部分观察员则对访谈过程中的团体动力变化进行反馈，并收获了意想不到的结果。

例如，在第三组第一次焦点团体访谈结尾的反馈中，观察员反馈说团体中的两位成员在整个团体中表达较少。随后研究者邀请两位成员再对访谈观点进行一些表述，结果意外发现，两位成员因为觉得自己的孤独感体验与讨论中的内容不太相同而生出抵抗情绪，并感到一些孤独感的体验。研究者突然意识到，在团体中热烈讨论孤独感体验的同时，孤独感这种现象也呈现在了访谈团体之中，这一点让研究者感到十分神奇和有趣。

3. 资料转录

访谈结束后，研究者对收集的语音资料进行转录，形成文字转录稿。一般情况下，研究者需要花费5—8小时对1小时的录音进行转录，因此对于每组焦点团体的录音资料，研究者都需花费至少20小时以上的时间。加上对语言细节等方面的调整，整个访谈资料的转录工作花费时长近1个月。转录文字分别为20903字/一组一次、24034字/一组二次、24065字/二组一次、25439字/二组二次、32714字/三组一次、30240字/三组二次，共计约为15.7万字。

（二）资料分析

资料分析过程主要遵循扎根理论的研究方法，使用Nvivo质性研究软件进行辅助，对转录文字进行逐级编码，具体分三个步骤：开放式编码（一级编码）、聚焦编码（二级编码）和理论编码（三级编码），流程示意图如图4所示（李阳，2017）。

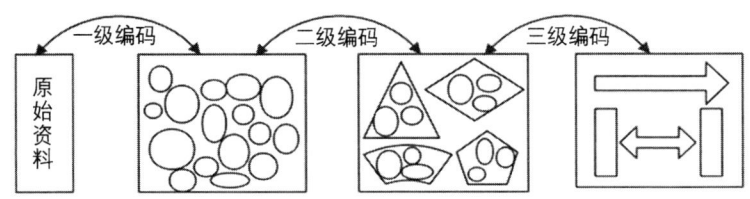

图4　扎根理论编码示意图

研究者首先对原始资料进行分析，对于概念、意义丰富的段落进行逐行编码，对于事件细节较多的段落采用段落编码，以保证较大程度地覆盖原始资料内容；其次，在第一次命名后，代码中会出现许多类似或重复的部分，此时研究者将相同的代码进行合并，对类似的代码进行比较分析，调整部分代码以进行合并或进行区分，最终形成374个自由节点（见图5中最右侧一列带圈号的数据），覆盖了1191个原始资料参考点；最后，研究者将自由节点与对应参考点进行整理，形成一级编码系统。

聚焦编码阶段，研究者使用Nvivo11软件对编码系统进行进一步的划分，概括出其中最能体现资料核心内容的部分，并提取出25个意义单元（二级代码），这些二级码号从原始数据与初始代码中提炼而出，保留了一小部分初始代码中的用词及概念，并形成新的主题，具有较高的凝练性。

理论编码需要将意义单元提炼成更高的概念类属，并使类属之间的关系具体化。本研究对二级代码进行分析，将25个意义单元提炼成12个树状节点，并根据孤独感发生过程的先后顺序，将12个树状节点归类为六大核心类属，形成以下的三级编码关系模型，如图5所示。

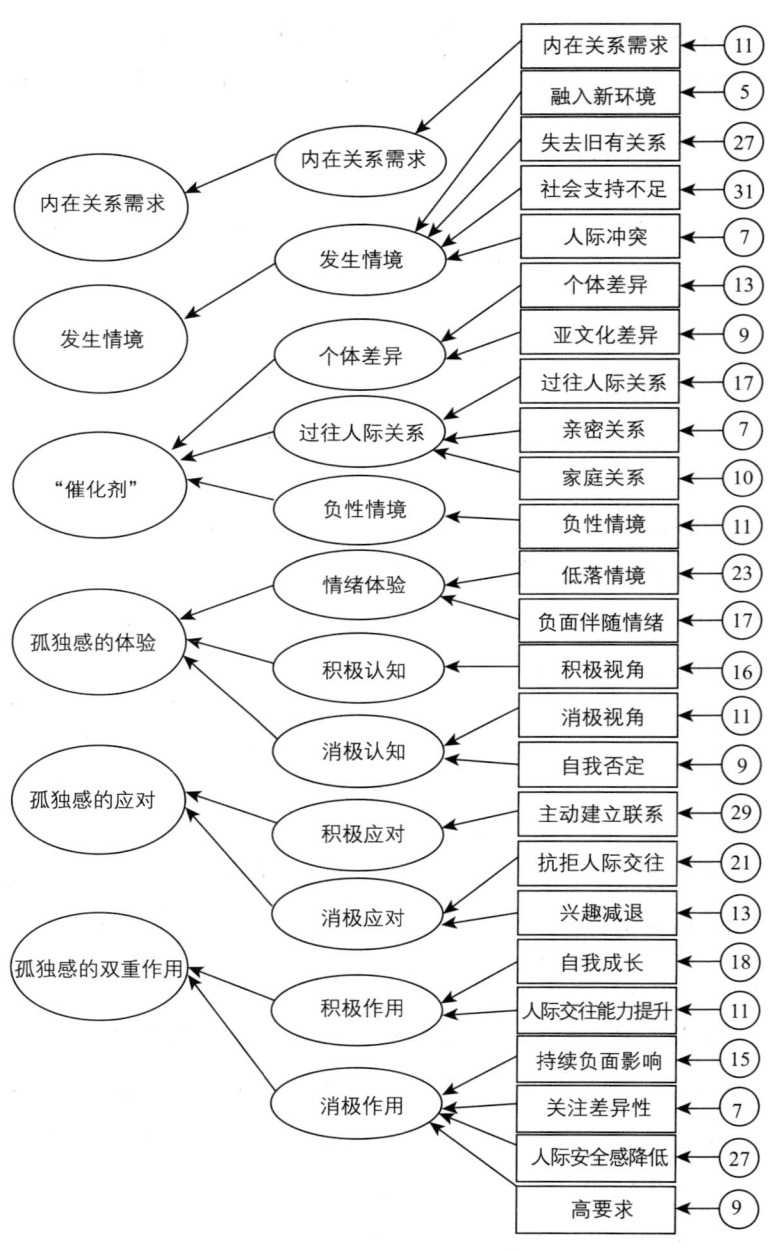

图5 三级编码的关系模型

(三) 效度检验

质化研究中的效度检验，即检验在某一特定条件下研究者为达到某一特定目的而采取相应的研究方法对某一对象进行研究的这一活动，是否得到较为合理、真实的表述（陈向明，2000）。目前，在质化研究中主要存在以下四种效度：描述型效度、解释型效度、评价型效度及推广型效度。根据该效度分类方式，对研究结果的效度进行检验。

（1）描述型效度，对于"90后"研究生孤独感的情境、心理体验及对个体的影响等方面，本研究的描述是否真实？

（2）解释型效度，本研究对"90后"研究生孤独感发生过程的解释是否具有可理解性？您是否接受？

（3）评价型效度，孤独感体验对于"90后"研究生具有正反两方面的意义，对此，本研究的评价是否合理？

（4）推广型效度，本研究建立的"90后"研究生孤独感的理论模型是否合理？是否具有可推广性？

采取参与者检验与非参与者检验相结合的方法，检验标准为5级评分，评分中可以出现一位小数。研究者邀请三个团体中的参与者共9人（3名男研究生，5名女研究生）进行参与者效度检验，并邀请没有参与此项研究的检验者5人（2名男研究生，3名女研究生，其中博士研究生男女各1名）进行非参与者效度检验。研究者将研究结果撰写成研究报告提供给检验者，检验者对报告内容进行阅读，对四种效度进行打分，并对其中的问题进行反馈，研究者及时回应并记录，并与检验者就出现的问题及不同观点进行探讨。效度检验结束后，研究者整理检验反馈，进一步对研究结果进行调整和修改。具体如表3所示。

表 3 效度检验反馈表

研究结果	检验者反馈意见	对反馈意见的处理
将孤独感水平划分为高孤独感、低孤独感和低人际安全感三类	非参与者：孤独感和人际安全感是两种感觉，此处分类存在交叉	回到原始资料，重新分析被定义为"低人际安全感"类型的个体，由于无法进一步分析该类人群的状态并进行归类，因而在表述如何识别孤独感水平时进行单独描述，且根据质性研究的特点，不再对孤独感进行高低水平的划分
孤独感的发生过程模型是单向的	参与者：孤独感的发生过程是否是单向的，是否可能存在其他模式？比如循环式	回到原始资料，发现受访者在某一年龄阶段的孤独感体验和应对对于后续成长过程有某种程度的影响。因而将整体的过程模型修改为循环模式，以突出孤独感对个体的后续影响
将孤独感的发生机制分为无助感、联系断裂及个体差异	参与者：孤独感发生机制的三种分类中既包含情境又包含情感状态，且分类之间有交叉	回到原始资料，将受访者的内在需求与发生孤独感的外在环境进行区分，分别编码，重新归类，最后形成"内在关系需求"和"发生情境"两个核心类属
孤独感的"应对方式"和"双重作用"	非参与者：对于孤独感的应对以及后续影响的内容较少，是否可以补充	回到原始资料，对相关内容进行重新阅读分析，将"应对方式"和"双重作用"分别划分为积极的部分和消极的部分，并将不同的一级编码重新归类于不同的聚焦编码，使内容更丰富，划分更清晰

四、研究结果

（一）"90 后"研究生的内在关系需求

在访谈过程中，"90 后"研究生普遍表达出对人际关系的内在需求。具体分为以下三种。

（1）对社会支持的需求。其中包括对帮助和支持的需求，希望有人可以帮助他们完成困难的工作，或者提供一些情感上的支持。如P0302："就是一个人跑那么远，然后好像有点那种举目无亲，就是没有各种那个手段或关系可以帮助我快速地完成我的任务，这个时候我觉得我是需要别人帮助，我是需要倾诉的。所以那个时候我觉得可能确实我是孤独。"

还有参与者希望得到他人的理解，更多是在精神层面的共鸣和回应。例如，L0306："我觉得就是当疲惫的时候，疲于表达的时候，你会希望有那么个朋友也好，不管是什么关系也好，他是可以心有灵犀地懂你，就是你不需要说太多。"

一些参与者会希望得到更多父母的认可。如W0101："对于我的父母，我是很希望获得他们的认可的，不一定非要提供什么支持，我自己也能走下去，我只是希望他们能更多认可我一些，别人跟他们不一样。"

（2）对于"同质性"的需求。一些参与者不仅需求人际理解和支持，还对这些回应提出了自己的要求，希望对方的表达能够更加契合自己内心的想法，交流之中能够展现更多与自己同质性的部分。W0304："我是喜欢那种大家在一起，前提是能够很好的沟通，能够有共同话题，能够说一些感兴趣的事啊，这样会很好。""我就想会不会她也有很多的时候，跟我有一点一样，就有一点期待。"

（3）对于融入群体的需求。当在一个群体中，或者刚刚加入群体的时候，个体会非常想要融入群体之中，即期待能够归属于某一群体。

以上三种内在关系需求是受访者明确表达出的期待。每一次孤独感的出现，其实都暗含着受访者对于自身与世界的联系之间的隐藏的渴望。正是这种渴望的存在，使得欲求得不到满足时，产生了一种联系断裂的感觉。

(二)"90后"研究生孤独感产生的情境

孤独感发生的情境具有多样性。根据访谈过程中不同团体及个体对孤独感情境的阐述,研究者发现,孤独感可以发生在不同场景、不同关系中,并由不同的事件引发。这些多样的场景中存在着一些"共性",也存在"个性"的部分。通过分析,研究者将"90后"研究生孤独感发生的情境总结为以下四种:(1)融入新环境;(2)失去旧有关系;(3)社会支持不足;(4)人际冲突。

1. 融入新环境的孤独

一些参与者在访谈中提到,在融入新环境的过程中,会感觉到孤独感。新的环境意味着新的场景、新的人群、新的生活,在这样的过程中,个体往往需要一个适应的过程。在没有完全和新的环境建立联系的时候,个体会感觉到孤独感。

(1)参与者表示,在升学或者搬家到另一个城市,需要重新适应一个新的环境时,在最开始的适应阶段,会产生明显的孤独感体验,如P0302:"然后六岁之后由于就是被父母接过去,换了一个环境,可能对于我的一个孤独感是有提升的。"

(2)如果在融入环境过程中体验到明显的隔离感,孤独体验会更深刻一些。D0305:"后来我去了一个新的地方,就是一个新的学校嘛,然后那时候会感觉很孤独,因为是到了一个新的班级,而且他们是那种不分班的班级,就每年都不分班,所以他们相处了三年了,所以我进去就很孤独。"

(3)有时可能是个体自身的某些原因,导致融入群体过程中出现困难。个体对当前群体感到陌生,没有办法与群体相适应,如F0106:"没有特别喜欢这个环境。就感觉在里头不太开心,不是很舒服。";A0303:"我一直觉得,虽然有跟我同龄的小伙伴，我们村里挺多的，但我好像一直就总找不到认同感。"

在适应新环境的过程中，个体对周围环境和人群感到陌生，在尚未建立起联系感时，个体会体验到孤独感。此外，个体离开旧有的环境，和熟悉的人群分离，也会产生明显的孤独感，我们会在接下来进行探讨。

2. 失去旧有关系的孤独

当个体与人或事物建立起联系之后，一旦分开，或者联系减弱，就会产生距离感或者分离感，进而产生孤独感。失去旧有关系的情境主要包括与重要关系人员的分离，原本亲近的关系变得生疏，相似场景里陪伴的缺失等。

（1）与重要关系人员的分离

当我们与家人或舍友或同伴长时间地在一起相处，我们与世界的联系中便包含着这些关系，当出现各种生活上的变动，分离的场景就会导致曾经亲近的联系被打断，原本熟悉的环境和完整的联系因为离别而产生分裂，因此，在分离的那一刻，个体会体验到较强烈的孤独感。

Y0103："我们宿舍，就我一个人在，然后我就目送着室友一个一个离开。就是我当时画的时候我就在想，我的这种孤独感，不是说我一个人在，而是当我可以再去看着别人离开，就是别人都走了，而且都是我送别人走。就是当下的那一刻会觉得孤独。"

L0105："他（男朋友）把我送到，然后你进去时候只能一个人进去嘛，你一个人拿着身份证，然后拿着行李去过安检，然后进那个门，然后就是你会回头看他，等你走到看不见他的时候，那个时候的心情就是特别的down。"

Z0205："我去她家最后一次见她，然后她把我送到地铁，因为她住在仙林那边，我从仙林回到随园，我一个人坐在地铁上，就那一瞬，就那一次我觉得特别特别的难受，因为我觉得就是她走了，然后我们一起养的猫她也一起带走了。我觉得那次的分离让我觉得特别孤独,到目前为止到现在我也这么觉得。"

(2) 原本亲近的关系变得生疏

在生活的每一个阶段,个体都会建立一些比较亲密的人际关系,但是随着各种生活变动,过往的联系变得越来越少。当个体再次与这些朋友取得联系后,就会感觉到美好过往的逝去,交往之间的生疏感,让人感慨,甚至感到一丝孤独。

D0207:"其实你觉得你们的情感还是在的,就是你想起他,你觉得心里还是特别好,但是就好像真的越走越远,并且你知道就算是打开,其实有时候觉得他也不是特别能理解你,你也不是特别能知道他最近在做什么,就突然就觉得你们被隔开了。"

(3) 相似的场景里,曾经陪伴的缺失

对于个体来说,生活里有一些场景,是在与他人的相处中度过的,当一段时间后场景重现,身边却没有了陪伴的人,对于个体来说也是一件让人心情低落的事情。一些个体会觉得自己与过往的场景和人失去了联系,因而体验到孤独感。

F0106:"我回来的时候心情是怎么样的?然后你看到那个公交站牌的时候,我在去参加活动那个时候,它那边也有公交站牌。我们那个时候的心情,总的来说是会很激动的。但是你回来以后,下车了,看到这个公交站牌了,意味着我又回到了现实生活,回到这种生活当中,回到了我要去,自己去面对一些难题的这样一个生活里面去,那种落差。"

W0301:"当你平常是和他们一起。然后这个时候你要一个人的时候,就会觉得,唉,好像就是不太一样。"

旧有关系的失去,或许因为离别,或许仅仅是同样的场景,原本的人却不再身边,这些都在告诉个体,我们失去了自己曾经拥有的关系,或者和曾经的关系之间存在了距离，因而使个体感到一丝低落和孤独。

3. 社会支持不足引发的孤独

个体常常会对自己的生活提出要求，或者要求外在资源满足当前需求，或者要求精神层面的支持和理解。当这些社会支持不足的时候，个体容易体会到无助感和孤独感。

（1）外在资源不足

如果生活中需要完成一些复杂而困难的任务，自己的力量不足以顺利应对，又找不到适合的方法，或者找不到可以提供帮助的人的时候，会感到无助，并产生孤独感的体验。如 F0106："当我一个人要去做一件事情，但是又没有把握的时候。就是不得不一个人做的那种事情就会感到孤独。"

在这种情境下，个体无法向其他人寻求帮助，一方面是不知道如何寻求帮助，或不愿寻求帮助；另一方面则因为任务需要自己完成，其他人无法为其提供完成工作所需的资源方面的支持，仅是情感支持，没有办法缓解孤独感，再如 D0305："因为周围的人给你提的建议都是一些你可以去改进哪里不足的建议，嗯这个自己也知道要吸取教训，但就是觉得没有办法去得到这个东西。"在这种情况下，孤独感的发生更多源于无法获得足够的社会资源以完成需要完成的复杂工作，当社会资源能够支持个体完成任务，或者个体最终克服困难完成任务后，无助感和孤独感就会消失。

（2）他人的理解和支持不足

如果得不到他人的理解和认可，个体可能不会体会到较多的无助感，但会体会更多的孤独感。

W0101："我爸妈他们会说，我是不懂你们搞的那个什么。但是我知道我这么多年，就是我觉得你这个不靠谱，还是要怎么怎么？然后我就觉得不想跟他们说话。"

P0302:"他们一般会说,工作啊,考公务员啊。我会比较理想化,我跟他们说,比如说我说我要有一种朝圣的状态的时候,他们会觉得我很神经。这个时候我会觉得有点孤独。"

甚至在一些开心的时候,想要分享自己的乐趣,而对方无法理解,也会体验到些微的孤独感,如D0207:"就是有可能是你分享给他,他可能就是不能够知道你这个喜悦在哪里……"

(3) 人际关系的缺失

对于个体来说,建立长期而稳定的人际关系是个体进行人际交往的基本需求。然而对于一些参与者而言,早年生活的变动并没有为其提供建立稳定关系的机会。如W0301:"然后在这之后呢,我也经常转学。没有固定的关系,确实是自己一个人。"L0306:"因为家庭的原因,就那个时候爸妈的工作的话就常常搬家嘛,就也是很难有一个固定的一个关系。"

个体需要物质层面的支持,也需要精神层面的支持,当支持资源不足时,就容易产生孤独感。换个角度来说,个体与周围环境里的一些资源之间存在某种距离,以至于不能建立联系,因而产生孤独感。

4. 人际冲突引发的孤独

在人际互动中,有时会发生一些矛盾冲突,或者交流不畅的现象,这种人际交往过程中的阻碍,会使个体体验到孤独感,还可能伴随委屈、愤怒等负面情绪。

W0301:"然后上了大学,上大学之后,然后在这个期间和我爸妈之间闹了一些矛盾,然后这个矛盾对我的影响还挺大的,所以啊,这个时候孤独感在我心里它可能会达到顶峰的一个值。"

D0305:"但是那个时候因为一些分班的变动,还有跟宿舍同学的关系不好,然后导致我换了好几个班好几个宿舍,所以想起来还是,可能是我整个经历中最孤独的一个时刻。"

当我们与他人发生矛盾冲突时，每个人都坚持自己的意见和感受，反对他人的观点想法，个体与个体之间不同的立场昭示着人与人之间的不同，也无法得到对方的理解和支持。联系感的断裂变得十分明显，因此会引发孤独感，并伴随其他较强烈的负面情绪。

综上，通过四种类型的情境我们可以看到，孤独感的产生或者来自感到与某一部分没有建立足够的联系，或者来自与原有联系之间的断裂。尽管对于个体而言，孤独感产生的情境多种多样，但究其根本，孤独感的产生取决于个体是否成功建立内心期待的联系。然而不同个体，其内在对于联系的期待是不同的。接下来我们将探讨，什么会对"90后"研究生的孤独感体验产生影响。

(三) "90后"研究生孤独感的"催化剂"

孤独感的产生，往往与个体对于人际交往的期望分不开。当人际交往需求无法得到满足的时候，即出现孤独感的体验。然而，对于不同个体来说，其对于人际交往的内在需求具有明显的差异性，不同情境是否会激发个体的孤独感体验以及孤独感体验水平的高低，大有差别。针对什么影响了"90后"研究生的人际交往需求，从而影响孤独感的产生，本研究从以下五个方面进行阐述，涉及个体差异、早期家庭关系、同伴关系、亲密关系，以及近期生活情境的刺激。

(1) 个体差异性对孤独感体验的影响

不同个体对于人际关系的需求不同。有些参与者对于人际关系的要求很高，比如精神层面的支持甚至是共鸣，但是有些参与者则倾向于具有一定距离的关系，认为那样比较适度。如 P0302 回应 W0305 说："我跟你可能不太一样的是，我可能不太愿意距离某一个团队或者一个群体特别近。" W0301 也反馈说:"就是有时候我会觉得我和你之间是好朋友,我们之间就要谈一些什么话题,但是他不一定认为好朋友就要谈这种话题。"

不同个体对于孤独感的感受力不同。对于一些参与者而言分离是件难以忍受的事,但对于某些参与者而言没有什么太大感受。W0101:"不是,我本科也经常最后一个走,因为我家本来就在扬州嘛,我当时就是在扬大上的。我几乎都是最后一个走的,就等他们都走光了,我留下来打扫卫生,就是打扫完了,最后一个走,但是我觉得没有什么问题啊……"

个体对于人际需求及孤独感感受力的差异性会对孤独感体验产生影响,对于一些人而言难以忍受的孤独感体验,另外一些个体则相对能够接纳和快速缓解。个体差异性对于孤独感体验是非常具有影响力的,但个体差异性的产生也受到家庭模式、过往人际经验以及亲密关系等的影响。

(2) 家庭教养方式的潜在影响

家庭教养过程中,个体与父母的关系及相处模式会对个体的人际需求造成明显的影响。在成长过程中,父母首先为人与人之间的交往模式建立起最初的模板,孩子则在很大程度上遵循这一种模式。通过团体成员分享与父母相关的经历,研究者发现,个体最初与父母的一些关系模式及关系亲疏,会影响个体在人群中的人际距离以及对人际关系的需求,当人际需求得不到满足时,个体会体验到孤独感。因而,对于个体孤独感体验的差异性,家庭教养方式的影响较为明显。

(3) 早期人际交往经验的影响

个体在最初几年与父母及兄弟姐妹的相处后,进入学校进行学习。在学习期间,个体与同伴之间的相处成为影响个体人际需求的另一重要因素,也进而影响了个体的孤独感体验。上学期间,尤其是小学、初高中时期与同龄人之间的相处,以及相处时发生的人际交往事件,对个体具有较大的影响。个体往往根据同伴对自己的态度来判定自己是否被他人喜欢、理解和认可,而人际交往创伤事件，如被同伴拒绝和讨厌，可能对个体造成较大的阴影，并持续感到不被喜欢和接纳。这种影响可能会持续很长时间，直到一段更深的人际联结建立起来，才可能被打破。

（4）亲密关系的影响

亲密关系可以很好地缓解孤独感体验，"我知道有个人永远爱着我，那她替代了我的父母，给了我这样的安全感，所以在我无论什么时候感觉到孤独的时候，我只要找她，她就能给我那个回馈，我就能打消那个孤独感"（L0208）。亲密关系是与亲子关系等同的深层次人际关系，主要表现在人与人的信任程度、依赖程度以及内在的联结程度。这样深层次的关系可以为个体提供较为强大的理解、支持和接纳，缓解个体的孤独感体验。相反，在以建立亲密关系为阶段性发展任务的"90后"研究生身上，无法建立亲密关系则易产生较大的孤独感。

（5）负面情境的影响

当个体处于负面情绪状态中，或者遭遇负性事件时，个体的孤独感易感性会有所提升。研究者分析发现，因为与周围人的人际关系建立良好，成员N0307并不容易产生孤独感体验。在接下来的讨论中，N0307分享了自己的孤独感体验。他指出，在最开始，虽然遭到一位朋友的反复拒绝，但他并没有感觉到孤独感体验，然而当下午照例去操场散步时，天气阴沉且下起了雨打断他的散步后，该成员感受到一种较为强烈的孤独感，伴随低落情绪。N0307认为，可能自己早前因为被拒绝而有不舒服的感受但没有察觉，在接下来的过程中被压抑的环境激发出来，从而体验到孤独感。

负面情境与孤独感的发生情境不同，孤独感的发生情境主要是指内在关系需求不被满足，从而引发孤独感的可能情境，负面情境不同，它并不会引发孤独感的体验，而是提升个体的内在关系需求，使个体更容易在发生情境的刺激下产生孤独感。

综上，个体差异、家庭关系、同伴关系、亲密关系，以及负面情境的出现会从内在或外在层面对个体的孤独感体验造成影响，导致个体感受到不同水平的孤独感。

（四）"90后"研究生的孤独感体验及应对方式

1. "90后"研究生孤独感的情绪体验

孤独感的出现往往伴随其他的负面情绪，如失落、愤怒、沮丧等。不同情境对不同个体而言产生的体验具有差异性，因此不同情绪与发生情境之间的关联性较为模糊，接下来进行简单描述。

很多参与者都提及，孤独感的产生普遍让人感到低落。他们用"down"这样一个词来形容，既指情绪十分低落，又以一种象声词的方式表达出一种突然沉得坠到地上，"咣当"一声的感觉，也容易让人想象出拖着一个大石头在走的感觉。例如，N0307："就是特别丧，低谷，就很低很低的那种，就是我有时候会有这种状态。"

此外，孤独感体验发生时还可能伴随其他负面情绪感受，如空虚，"身边人很多，因为新街口人特别多，然后站在那里看天的时候，就会想到宇宙，这些东西，然后就会感到无尽的空虚。那个时候会觉得特别特别的孤独"（W0101）；失落，"这是一种多么失落的感觉啊，我一直以为旁边有人在陪我，然后突然一下，原来早就已经走了呀"（F0106）；愤怒，"就觉得，嗯，我提前这么早回来是干什么的，就很气愤"（L0105）；等等。这些伴随情绪往往因人而异，可能在这种情境下某个个体感到失落，而另一个个体则感到愤怒。

2. "90后"研究生孤独感的认知体验

与情绪体验不同,"90后"研究生的孤独感的认知体验分为两个方面:消极认知与积极认知。尽管孤独感最开始会让个体感到沮丧和难过,产生负面情绪,但对于不同的个体而言,可能在接下来的过程中会产生不同的想法:消极想法引发消极应对,可能导致后续不良影响;积极的想法则可能促进孤独感体验的缓解。

(1) 消极认知主要体现在两个方面

一方面,注意力转向负面。个体在体验到孤独感的时候,注意力往往集中在一些同样孤独的个体或者负面情境中。如L0104:"然后我经常看到我外公外婆就坐在那里,啊就看着大家,就笑着看着大家,然后没有人跟他们说话。"过年时,家人都在玩手机而没有互相交流时,她感到孤独,并将注意力转向不玩手机的爷爷奶奶,觉得他们也是孤独的;L0306沉浸在孤独感情绪的时候,选择了一部比较压抑的电影进行观看。"进寝室之后,我开始开电脑,我当时想看那个电影就是,《大象席地而坐》。然后我当时看那个,<u>其实也是很孤独的一个电影</u>,就是我感觉哈,里面有一些东西,就是人去到哪儿不一样,他有一些这样的一种孤独感,就是你去到哪里都没办法改变。就是有这样的一种。"这可能会导致个体的孤独感上升。

另一方面,进行自我否定。当个体寻求人际交往而被拒绝时,或者对方表现出的行为不被定义为接纳时,一些个体开始进行自我否定,即开始思考自己是不是不够好,是不是自己哪里做错了,等等。如Z0205:"可能我会还蛮<u>在意别人对我的评价或者什么的</u>,就会觉得如果那一瞬间我发现,你们在说一个我不知道的事儿,就会觉得很难受。就是会不会是你们觉得这个事我不能知道之类的。";W0304:"就是<u>我可能有一些地方是有缺口的,就是缺口对着那些人可能就不喜欢我</u>。"这种自我否定可能会削弱个体的自信心,产生评价焦虑等问题。

(2) 拥有积极认知能力的个体会看到关系中联结的部分

在生活中，总会出现一些人际需求不被满足的情况，或者出现一些人际矛盾。对于一些个体而言，他们会通过看到双方互相支持、互相联系的一面，来逐渐缓解孤独感体验。

例如 L0208 和朋友产生矛盾，但他相信两个人之间的关系是断不了的，"我还会认为这以后其他同学再叫他的时候，<u>我再不要脸地去也就跟着去跟他唠嗑唠嗑，我觉得还是可以的。还是可以再见一见</u>。我是觉得心里有这样的一种想法，所以我还是就好多了。"；当 W0301 与自己关系很好的表弟分开后，虽然很伤心，但也看到两个人之间的爱，"你可能心中还是会想念，但是在这个过程当中，我可能会更多地看到的是<u>我们之间的一个爱的那种连接</u>。"

一些个体认为孤独感并不重要，因为"生活中还有很多其他的事情值得去做"。他们看到自己生活中有意义的部分，尽管可能有时候独自一人，但是如果是为了实现自己的某些愿望，或者做自己想做的事，也是可以接受的。

此外，一些参与者会用积极的眼光去看待孤独感。他们认为独自一人的时候，是个体学会独自面对事情，锻炼自己的机会。如 W0301："这并没有让我觉得难受，只是让我觉得，唉，这是一个新的东西，我体验了一下。"尽管独自面对会产生些许无助感，但是个体会认为这是成长的一部分，并接纳这种改变，因而孤独感体验较少。

以上三种情况中，个体积极与他人或自己周围的事物建立起联结，因而孤独感体验并没有对他们产生太多困扰。

综上可以看到，虽然孤独感的情绪体验往往是消极负面的，但是对于不同的个体来说，可能会通过不同角度的认知对孤独感进行调节和适应。消极认知的个体更多转向负面的情境，或者进行自我否定；积极的个体会看到关系或事物联系的一面。不同的认知会带来不同的应对方式，进而对个体后续生活产生不同的影响。

3. "90后"研究生孤独感的应对方式

不同认知体验引发不同的应对方式。"90后"研究生孤独感的应对方式也可以大致归类为消极的应对方式和积极的应对方式。

（1）消极的应对方式

个体表现出对建立联系的回避行为。

首先，当个体体验到孤独感的时候，他们倾向于疏远对方，A0303："然后在这样的情况下，我可能会觉得，就是有两次电话没有打通，就想要疏远对方。"或者拒绝他人的人际邀约，L0306："我戴着耳机，其实也听到他们说话，也有室友过来就拍我肩膀嘛，就是可能她看得出来我的那个状态已经进入一个孤独状态。然后那个时候她会来给我建立一些联结，但是那个时候我不想要。"或者在团体中降低发言频率，减少自我表达，D0305："其实今天没有太讲话的主要原因，我发现大家跟我不太一样，大家觉得因为生活中的孤独感很少，而我却觉得很多。所以就是我也没必要百分之百地说我自己，就是我不愿意更多地去表露自己"

其次，一些个体会产生明显的兴趣减退的情况，即对于之前比较感兴趣的事情，当前却觉得做起来并没有什么乐趣，整个人提不起兴致。如D0207："比如说是就是看那个剧，其实你平常是特别喜欢那个剧的。然后但是你那会儿觉得特别没意思，然后生活中你是有很多事情你都是特别乐意去做的，都是你的爱好，但是你觉得都不想去做，什么都不想去做。"

（2）积极的应对方式

个体与自己或周围的世界（人、事、物）建立联系。

一些个体倾向寻求人际交往来缓解孤独，当他们能够建立起与他人的联系时，孤独感则得到化解。尽管有时可能找不到同伴，但个体也能通过理解他人来建立联系，缓解孤独感。如L0104："因为是观点上的不一致，有些时候是观点上的不同，有些时候是因为不被理解的孤独，然后就觉得，可能就比较难过或伤心。但是这个时候就想，就是会换位思考的，别人有别的事情，或者什么，就会好一点。"

还有一些个体喜欢同自己建立联结，通过与自己相处来应对孤独。如L0306："一个人去吃饭，一个人就是包括整理就是我的床，就是让我的床变得更舒服一点，尝试让我自己感觉到舒服，就是会去做一些个人的这种改变吧，当时我依着自己的心想去做什么做什么，我就把时间留给我自己。"

此外，通过与事物产生联系，也会逐渐化解孤独感体验。如A0303："包括这样一些书，有时候就也会，大部分都是从书上来汲取一些力量，或者是看一些人物的传记，来有这样一个支撑。"

通过建立联系，个体的孤独感会逐渐得到缓解。

综上可以看到，个体的两种消极应对方式，一种是对建立人际关系的抗拒，另一种是与事物的联结或卷入不足，如果再整合前述自我否定部分的内容（可视为拒绝与自己的一部分产生联结），即可与积极应对方式中的三种情况进行一一对应。因此，消极应对方式是想方设法地回避联系，而积极的应对方式是个体主动地与世界建立联系。不同的应对方式会对个体的后续生活产生不同的影响。

（五）"90后"研究生孤独感的双重作用

在研究过程中，研究者与受访者探讨了关于孤独感对"90后"研究生的意义。许多参与者表示，虽然在孤独感体验的当下伴随许多负面的情绪，但是当个体主动处理孤独感的体验时，往往感受到一些积极的方面，即孤独感的体验促使个体去更多地与自己相处，更好地觉察和照顾自己，激发个体的主动性。因此，孤独感对"90后"研究生具有双重作用。

1. 孤独感体验的消极作用

孤独感的消极作用主要表现为，个体更容易在人际交往中感受到挫败；或者因为过往的孤独感体验太过深刻，导致个体在后续生活中变得更加易感；或者是个体对于人际交往中的另一方提出了更高的要求，以至于无法得到满足；或是个体自身的安全感降低；或是个体更加关注差异性的部分，对联系的断裂更加敏感。

（1）持续负面影响

如果孤独感的出现是因为支持和陪伴力量的丧失，个体在感到挫败的环境里更易体验到孤独感。如，Z0205："但是我会发现，我最想念她或者猫的时候，是我在遇到了比较不开心的事情，然后我就会发现我没有地方可以躲，我只能自己去消化它，那个时候再次感觉到那种没有支撑感的那种感觉。"个体一直沉浸在过去的丧失之中无法自拔，会导致在某些消极的场景中重新体验失去支持的感觉，是一种持续性的负面影响。

（2）对人际交往提出更高要求

当需求不被满足，个体往往会提出更高的要求。例如 D0305 希望得到精神上的高度共鸣，"我就希望能找到，哪怕能找到一个人，不用说太多话，只是安安静静地坐着，然后你就觉得内心很平和，你就觉得挺开心的，这样一种状态"；W0304 则表现出对建立良好人际关系的需求，"然后就特别想得到一个好的人际关系，然后你就会不断地去尝试嘛。就比如小学升中学的时候，高中升大学也是，大学生升研究生也是"，但是在后续访谈中，两个人的表述显示，她们都没有在人际交往中得到满足。

（3）人际安全感降低

个体在人际交往中可能表现出更多的不安全感，包括在交往前内心的担心,以及交往过程中对评价的敏感等。例如 D0206 会担心自己的表达不被他人接纳和理解,"即使我说出这个事情,对面可能还嗤之以鼻,报以嘲笑的态度,这种";Z0205 也会表达出看到他人被孤立的场景,自己心里也会害怕"被孤立",所以在人际交往中,十分担心与周围的人群脱离;W0304 表达出对他人评价的敏感,她会把一些词汇当成是对自己的负面评价,尽管他人并不觉得那些词汇是贬义,"我很讨厌别人把你的一种感受,一种情结,说的是很极少的,或者是很奢侈的,或者是侥幸或者是什么东西。好像在说我是不好的一样"。

(4) 关注个体差异性

孤独感体验较多的个体,在人际交往中,往往更关注他人与自己的不同,并因此感到难过。例如"我也能理解,但是能深刻地感受到就是可能我们的需求就是不一样"。在访谈中,W0304 会不断地看到大家和自己意见不同的地方,并感到自己和他人之间的不同,无论是想法上,还是需求上,等等,这让她不愿意表达自己的想法,并引发轻微的孤独感。

2. 孤独感体验的积极作用

访谈中讨论发现,孤独感的发生也对个体具有一些积极的效果。当个体愿意与自己,与周围的人、事、物建立联系时,个体自身会收获成长,人际交往的能力也会得到提升。

(1) 自我成长

当个体学着与自己或周围世界建立联系时,自己也会收获成长。个体学着与自己相处,反思自己当前的处境,觉察自己的情绪和感受,从中学会更好地照顾自己,更加理解自己,因而提升自我。如 L0105 提到,当她在孤独时会进行自我反思,会更多地了解自己。"那个时候我想好多关于我自己当时的感觉啊,对,以前我根本就没有想过那些事情会有一些新的看法。然后你觉得自己反而会有成长。"

（2）人际交往能力提升

有时，个体可以从孤独感中学到如何更主动地建立关系，更多地表达自己的想法，以及放下更多对于人际交往的期待和要求。他们更多学会去理解他人，而不是要求他人理解自己，因而在人际交往中感到更加舒适和愉悦。例如L0306"然后我有去回溯自己的状态，也带来了这些改变。<u>就是我以前可能也没有放得那么开。现在越来越放得开</u>"。L0306通过与自己相处，更加了解自己想要的是什么，自己抗拒的是什么。当她学会接纳孤独，并放下自己对于他人的高期待后，人际交往的主动性就得到了提升，她就能够更加主动地去表达自己，建立关系。

综上我们可以看到，孤独感对个体的后续影响主要表现为个体建立关系的能力是提升还是减弱。消极的结果是，个体对外在世界和自身都更加敏感，因而难以更好地建立关系联结；积极的效果则是，个体更擅长与自己相处，与他人相处，与周围的事物相处。

（六）理论建构

综合访谈资料进行分析，研究者认为："90后"研究生的孤独感表现为当个体缺乏支持或不被接纳时，感受到自己与自身或周围世界（人、事、物）的联系出现断裂，由此产生主观距离感和某种分离体验。

当个体得不到支持和接纳的时候，个体会感到自己的需求不被满足，自己的想法不被理解，人与人之间的关系没有自己预想的这样亲近和睦。此时，无论处于什么样的环境中，个体都会感到与周围世界（人、事、物）失去或部分失去联系，进而体验到一种分离的感觉。这种失去联系的分离的感觉，是一种主观的体验，而非真的和周围的人、事、物分开，因此研究者认为，孤独感是一种主观的分离体验。

研究基于编码分析得出的六大核心类属及其关系，构建出"90后"研究生孤独感发生过程的理论模型，如图6所示。

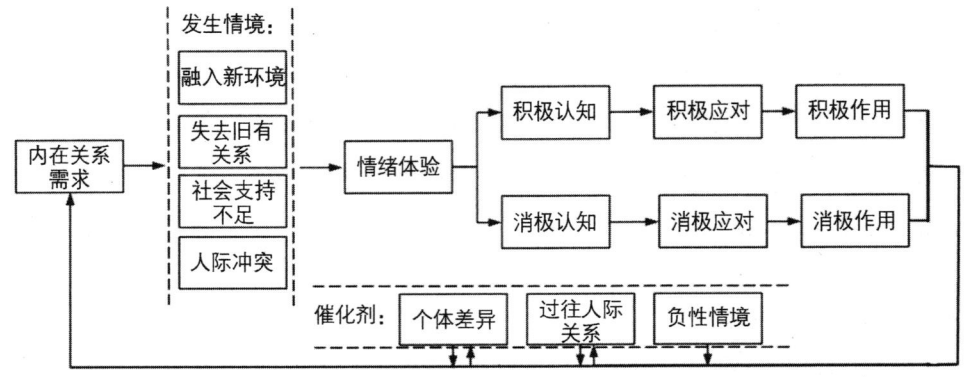

图6 "90后"研究生孤独感发生过程模型

从模型中可以看出，在某些特定的情境中，个体因为内在关系需求没有得到满足而产生孤独感的情绪体验，进而衍生出积极或消极的认知，并采取相应的行为来应对孤独感体验，导致积极或消极的结果，个体进而调整内在关系的需求标准，影响个体后续生活中孤独感的产生。在这个过程中，个体先天差异，过往人际关系模式，还有负面的环境刺激因素等也会对孤独感的触发带来影响。整体来看，模型呈循环模式，即个体孤独感的体验是随着生活不断发生变化的，过往孤独感的经历会对个体后续生活中孤独感的体验产生一定的影响。

综上所述，模型展现了"90后"研究生孤独感发生的完整过程。尽管在某些部分，对于孤独感的描述仍存在不完善之处，但模型呈现出孤独感发生的各个阶段、循环往复的累加模式，以及提出孤独感作为消极体验而带来积极影响的观点，为后续研究提供了更多新的思路。

五、讨论

（一）关于研究过程与技术路线

在质性研究中，研究者需要对研究过程的各个环节进行反思。

在资料收集过程中，研究者对访谈过程进行反思：分析个性特征对团体访谈可能产生的影响；根据不同的团体特征组织访谈过程，适当调整主持风格及访谈内容的侧重点；简短而明确的提问，易于参与者理解问题并做出适当回应。

资料分析过程中，如何对收集资料进行较为精确的理论建构，是每个质性研究者需要反思的问题。一方面，编码过程是一个不断循环的过程，在实际编码时，需要将上下级编码进行比较分析，保证上级编码能够包括下级编码，下级编码从属于上级编码；将同级码号进行分析比较，保证同级编码之间没有相互重叠的部分。另一方面，理论建构的过程也是个滚动发展的过程。研究者需要对资料各部分之间的逻辑关系进行思考，当发现一些逻辑方面的问题，或者某些内容的缺失时，还要回到原始资料和编码系统中，进行整理思考。

质性研究的技术路线也值得反思。不同于量化研究中线性的技术路线，质性研究往往呈现出循环往复的研究模式。本研究的技术路线包含两个大的循环：文献综述到资料分析阶段的循环以及从研究准备到资料分析阶段的循环。此外，在资料分析阶段内部，以及资料准备阶段到效度检验阶段也都呈现出质性研究各环节循环往复的特征。

(二)"90后"研究生孤独感的识别

通过考察个体与人交往的主动性水平以及个体对差异性的接纳程度,可以大致识别个体日常的孤独感体验水平。

(1) 与人交往的主动性可以识别个体的孤独感水平

低孤独感的个体往往主动与他人建立人际关系,在人际交往中遇到问题时,能够灵活调整自己的状态并化解人际冲突。高孤独感的个体则倾向认为没有人能够完全理解自己的想法和感受,他们始终寻求他人的理解和靠近,却又预设别人不可能真正理解自己,交往受拒后更多采取回避的策略,因而无法主动与他人建立良好且持久的人际关系。

(2) 对差异性的接纳程度也可以对个体的孤独感水平进行识别

高孤独感水平的个体较难接纳个体差异性,他们虽不断寻求具有同质性的他人或群体,却因为对人际交往提出过高要求而得不到满足,进而沉浸在负面情绪中无法自拔(沉浸式体验);低孤独感体验的个体则更多接纳个体之间的差异性,在人际交往中更多寻求多元的交流和分享,而非对自身的认可和理解。因此,对差异性越接纳,个体就越少体会到孤独感。

然而,一部分参与者并不适用以上识别方法。这种类型的个体人际关系简单,擅长与自己相处,始终与他人保持距离,且较少有孤独感的体验。该类个体具有明显的与人疏离的表现,无法通过前述方法对其进行孤独感水平的识别。后续还需要对不同类型的个体孤独感进行更加深入的研究和探索。

(三) 孤独感情境中自我与环境的关系

根据前文建构的模型可以看出,孤独感在体验和效果上既可能是积极的也可能是消极的。同时，无论何种效果，又都可以分为对自我的影响，以及与周围环境之间互动方式的变化。孤独感产生的根源，在于忽视自我或不认可自我，即自我的部分缺失。当个体在早年的某个阶段被周围环境中的个体（包括家长、老师、同伴等）忽视，或者不被理解和认可时，为了得到和谐的人际关系或亲密关系，个体可能选择对于他人和社会环境的评价标准及要求做出顺应，而非根据自己的想法及意志进行行动，由此导致自我被忽视或不被认可。外在的环境是不稳定的，如果个体持续依赖变化的外在环境对自身行为进行评价，而非根据自己内在的稳定标准获取对个人行为的反馈，则更容易陷入不被认可的状态，与此同时，对于他人的负面评价更加敏感，进而引发个体的高孤独感体验。

与其他消极心理一样，孤独感的体验也存在自我强化问题。环境的变化影响个体的心境，个体的内在心理状态又会反应在外在行为及与周围环境的互动之中。值得注意的是，如果个体能够逐渐形成某种相对稳定的内在评价标准，对于孤独感体验或许具有一定的改善效果。

（四）"90后"研究生孤独感的应对策略

根据不同的孤独感体验水平，采取不同的应对策略可以有效缓解。

（1）采取行动，寻找与周围世界的联系

通过做一些自己感兴趣的事情转移注意力，或通过散步跑步等方式进行活动，通过睡眠进行情绪改善，主动与他人进行交流沟通，等等。

（2）与自己相处，与自我建立联系

个体可以通过觉察自己的情绪和想法来更多地了解自己。例如，个体可以通过写日记的方式记录心情，对自己进行观察反思，也可以对自己所处的环境进行整理和改造，感受自我的掌控感。

(3) 对于孤独感体验频繁，或者较长时间沉浸其中无法自拔的个体，则建议进行心理疏导

研究结果表明，个体的孤独感体验并非仅仅来源于当前的情境，很有可能是过往人际经验的反复出现。心理疏导可以帮助个体更加了解自己的成长经历，增强个体的自我功能，缓解孤独感体验。

(4) 提升主动交往的能力

为了更好地提升个体的自我力量，降低孤独感水平，个体可以在日常生活中学习主动交往的技巧，提升交际能力。

（五）研究伦理反思

研究过程需要遵守伦理道德，避免对研究者自身、研究者所在群体、被研究对象及相关公众造成负面影响。本研究中，研究者从以下四个方面对伦理道德问题进行反思。

(1) 坦诚原则，一方面在访谈开始前告知被研究者相关访谈事项，保证访谈对象自愿参加研究；另一方面，在访谈过程中，认真倾听、引导和回应被研究者，鼓励其真实自愿地表达自己的想法和情感。

(2) 尊重个人隐私与保密原则，研究者秉承尊重个人隐私和保密的原则，对研究对象访谈中的信息进行保密处理。除了用于相关学术讨论和研究之外，研究者不会将研究对象的信息透露给其他机构和个人。在学术讨论中，研究者也会注意保密事项，对研究对象的私人信息进行保密。

(3) 公正合理原则，公正对待参与者及访谈内容，合理处理研究者与参与者的关系及研究结果。在访谈过程中尊重双方的观点；资料分析过程中，研究者充分觉察自己的局限性，反复阅读相关内容，确保分析及解释相对公正合理；在效度检验之后，研究者认真思考检验者的反馈信息，对研究结果进行合

理调整。

（4）公平回报原则，参与者付出时间和精力参与研究，研究者需要对此表示感谢，并提供适当的报偿。

（六）研究意义与不足

本研究的意义体现在三个方面：

（1）研究内容具有突破性，深入探讨了国内"90后"研究生孤独感体验的状态、影响因素及双重作用，为后续研究提供了更多新的思路及视角，具有一定的启发和实践意义。

（2）研究方法具有探索性，使用焦点团体访谈与扎根理论相结合的研究方法进行研究，具有一定的创新性。

（3）个人成长性价值，团体互动帮助参与者更深入地审视自己，了解自己，收获成长和友谊。研究者本人也不断锤炼技能，积累知识和经验，获得自我提升。

本研究存在的不足主要是以下三个方面。

（1）由于缺乏成熟的标准模型可供模仿，在研究方法上具有尝试性。研究者初次结合使用这两种研究方法进行研究探索，方法及各个环节的实施存在很多有待改善之处。

（2）在团体成员选择方面存在不足。一方面，团体成员的孤独感水平一般为中等水平，高孤独感的访谈对象较少。另一方面，研究对于访谈团体成员的男女比例、年级分布、专业覆盖等方面缺乏严格限制，后续的研究者可以通过组建不同性别、不同专业的团体等进行访谈研究，探索其中的差异性。

（3）受研究时间所限，仅仅通过效度评分表进行效度检验，检验方式单一。如果再追加若干人次的追踪访谈，便于吸收检验者提供的更多反馈信息，可以让研究结果更深入，研究内容更丰满。

六、结论

本研究得出以下结论。

（1）"90后"研究生的孤独感表现为当个体缺乏支持或不被接纳时，感受到自己与自身或周围世界（人、事、物）的联系出现断裂，由此产生主观距离感和某种分离体验。

（2）"90后"研究生孤独感的产生受到个体差异、过往人际关系（家庭关系、同伴关系、亲密关系）及现有不良处境等多方面因素的影响。

（3）"90后"研究生孤独感的情绪体验是消极的，主要表现为情绪低落、沮丧，并伴随悲伤、委屈、愤怒等负面情绪。但"90后"研究生对孤独感的认知体验及应对方式可以是消极的，也可以是积极的。消极的认知和应对使个体回避与自己及周围世界（人、事、物）的联系，而积极的认知和应对则有利于个体重新建立与自己及周围世界（人、事、物）的联系。

（4）与人交往的主动性、对差异的接纳，作为两个维度，可初步识别个体的孤独感水平。

（5）"90后"研究生的孤独感具有双重作用。消极的应对会产生负面作用，个体感觉与自己，与周围的人、事、物之间的距离越来越远，建立联系的能力越来越低；积极的应对则产生正面效果，包括个体自我力量的增强，人际交往能力的提升等。

参考文献

陈向明（2000）．质的研究方法与社会科学研究．北京：教育科学出版社．

程永佳（2016）．群际偏见：基于关系主义视角的研究．博士学位论文，南京师范大学，南京．

黄国萍，柳友荣（2016）．需要认知模型：孤独研究的新视角．长春师范大学学报，35（1），17－21．

黄希庭（2004）．大学生心理健康教育．上海：华东师范大学出版社．

金艳玲，顾昭明（2010）．硕士研究生人际信任、社会支持与孤独感的关系研究．中国健康心理学杂志，18（12），1478－1480．

凯西·卡麦兹（2016）．建构扎根理论：质性研究实践指南（边国英译）．重庆：重庆大学出版社．（英文版 2006 年）．

肯尼思·J．格根（2017）．关系性存在：超越自我与共同体（杨莉萍译）．上海：上海教育出版社．（英文版 2009 年）．

理查德·A．克鲁杰，玛丽·安妮·凯西（2007）．焦点团体：应用研究实践指南（林小英译）．重庆：重庆大学出版社．（英文版 2000 年）．

李冬梅（2015）．硕士研究生自我和谐、人际信任与孤独感的关系研究．硕士学位论文，东北师范大学，长春．

李晓玉，高冬东，杨杰，刘云（2017）．大学生孤独感对抑郁的影响：社会支持与网络成瘾的作用．心理研究，10（6），78－85．

李艳，朱蓉蓉，何畏，潘莉，李志明（2018）．大学生反刍思维在孤独感与自杀意念相关性中的中介作用．心理卫生评估，32（10），873－876．

李阳（2017）．"90 后"的孝道及其影响因素——基于对焦点团体方法的探索．硕士学位论文，南京师范大学，南京．

李艺敏，蒋艳菊，李新旺（2006）．大学生孤独感结构研究．心理科学，29（2），465－468．

宋智辉（2013）．硕士研究生人际信任的调查及干预研究．硕士学位论文，辽宁师范大学，大连．

杨莉萍（2008）．四种不同的师生交往模式——对一次教师研讨会录音的文本分析．教育理论与实践，28（34），41–44．

臧蕾（2007）．当代高校大学生价值观问题研究．硕士学位论文，苏州大学，苏州．

Cacioppo, J. T. , Hawkley, L. C. & Thisted, R. A. (2010). Perceived Social Isolation Makes Me Sad: 5-year Cross-lagged Analyses of Loneliness and Depressive Symptomatology in the Chicago Health, Aging, and Social Relations Study. *Psychology and aging*, 25 (2), 453.

Caspi, A. , Harrington, H. , Moffitt, T. E. , Milne, B. J. & Poulton, R. (2006). Socially Isolated Children 20 Years Later: Risk of Cardiovascular Disease. *Archives of Pediatrics & Adolescent Medicine*, 160 (8), 805–811.

De Jong-Gierveld, J. (1987). Developing and Testing a Model of Loneliness. *Journal of Personality and Social Psychology*, 53 (1), 119.

Holt-Lunstad, J. , SMith, T. B. , Baker, M. , Harris, T. & Stephenson, D. (2015). Loneliness and Social Isolation as Risk Factors for Mortality: A Meta-analytic Review. *Perspectives on Psychological Science*, 10 (2), 227–237.

Peplau, L. & PerlMan, D. (1982). *Loneliness: A Sourcebook of Current Theory, Research and Therapy.* New York: Jones Wiley and Sons.

SchMidt, N. & SerMat, V. (1983). Measuring Loneliness in Different Relationships. *Journal of Personality and Social Psychology*, 4 (5), 1038–1047.

Weiss, R. S. (1973). *Loneliness: The Experience of Emotional and Social Isolation.* Cambridge Massachusetts: MIT Press.

The loneliness of Post-90s Graduate Students: The Combined Exploration of Focus Group Interview and Grounded Theory

Xiao Rui   Yang Li-ping   Tan Meng-ge

(School of Psychology, Nanjing Normal University, Nanjing, 210097)

／Abstract／

The research collected materials through two focus interviews in each of the three groups, coded the interview contents step by step and constructed the grounded theory, explored the loneliness, its manifestation and occurrence process of post-90s graduate students, and used the participant test method and the non-participant test method to test the validity of the research results. The following conclusions can be drawn: (1) The loneliness of post-90s graduate students is that when the individual lacks support or is not accepted, he/she feels the connection between himself/herself and the world around him/her (people, things, things) is broken, resulting in a sense of subjective distance and some kind of separation experience. (2) Loneliness is related to individual differences, past interpersonal relationships (family relationships, peer relationships, intimate relationships), existing adverse situations and other factors. (3) The emotional experience of loneliness is negative, characterized by depression and depression, accompanied by strong negative experiences such as sadness, grievance and anger. However, the cognitive experience and coping style of loneliness may be negative or positive. (4) Negative cognition and coping enable individuals to avoid contact with themselves and the world around them, while positive cognition and coping facilitate individuals to re-establish contact with themselves and the world around them. (5) Loneliness has a dual function, which is manifested by negative attitude and negative response. Individuals feel more and more distant from themselves and the people, things and things around them, and their ability to establish connections is weaker and weaker. Positive attitude and coping will produce positive effects, including the enhancement of individual's self-strength and interpersonal skills.

╱ Keywords ╱

Post-90s graduate students, Loneliness, Focus group, Grounded theory

社会工作视角下小学生体重去污名化研究

陈 浩　叶一舵*

（福建师范大学心理学院，福州，350117）

/ 摘　要 /

体重污名作为一种校园欺凌形式，干扰着小学生的社会化进程，需给予高度关注。基于行动研究五阶段模型，社会工作介入体重去污名实务经过探索、规划、实施、评估与总结五个阶段；面对体重污名施加者的共性与个性问题，从转变认知、强化互动、链接资源三个方面介入是社会工作者的实务要点，使其形成对肥胖体型的正确认知并且改善与肥胖者的互动方式，从而消退欺凌行为。这验证了社会工作介入小学生体重去污名的实务价值。

/ 关键词 /

体重污名，社会工作介入，校园欺凌，小学生

---

* 通讯作者：叶一舵，教授，博士生导师，Email: yeyiduo@163.com。

一、问题的提出

体质指数（Body Mass Index，BMI）是儿童青少年发育水平和健康状况的重要指标之一。中国大陆的数据显示，1985—2013 年中国 7 岁以上学龄儿童超重率增长 10.1%，肥胖率增长 6.8%（Ng，2014）。肥胖问题不仅影响儿童青少年的生长发育，如代谢综合征、肺功能衰弱、脂肪肝和糖尿病等病症（Martorell，1994），而且危害儿童青少年的心理健康发展，如体重污名（Weight Stigma）。体重污名是一般公众对超重、肥胖体型持有消极的认知评价，且表现出歧视行为倾向，如辱骂、嘲讽、起外号等言语攻击方式（Panzer & Dhuper，2014；Rebecca M. Puhl & Luedicke，2012）。歧视行为倾向导致体重污名，体重污名又强化歧视行为倾向（Puhl et al.，2017）。

2016 年以来，从《关于防治中小学生欺凌和暴力的指导意见》到《加强中小学生欺凌综合治理方案》都是在向校园欺凌行为"亮剑"，旨在遏制损伤中小学生身心健康的行为。2018 年，国务院教育督导委员会办公室下发《关于开展中小学生欺凌防治落实年行动的通知》，各级政府相继出台治理校园欺凌的地方性法规，贯彻落实防治学生欺凌举措。可见，防止校园欺凌、保护未成年人已刻不容缓。然而，现阶段法律法规及防治部署措施仅停留在外在保护层面，而内心诉求、家庭关爱及校园介入等方面仍滞后，且对校园欺凌行为的表现形式、轻重程度的划分均未做详细解释。体重污名作为一种校园欺凌形式（Pont，Puhl，Cook & Slusser，2017），已在欧美国家开展深入研究。与此同时，国内对体重污名的性质及后果的研究仍处于起步阶段。欺凌行为不仅导致身体损伤，而且会留下心理疮疤（Janet，Deborah，Granberg & Major，2018）；尤其是针对超重、肥胖青少年，其被认为是消极的、负面的，甚至在求学、就医、就业方面遭到社会排斥或者歧视（Solbes & Enesco，2010）。社会排斥或者歧视源自不同主体，如正常体重者、肥胖者均存在不同程度的体重内隐污名与外显污名（Carels et al., 2009；Marini et al., 2013）。对此，社会工作者应充分发挥专业优势，积极营造肥胖防控支持性的校园环境，努力消除儿童青少年对肥胖体型的固化刻板印象与偏见。有研究表明从源头上转变体重污名施加者对肥胖负性态度与行为倾向是体重去污名的关键（Rebecca L, 2018）。这为社会工作介入体重去污名干预实务提供借鉴。基于此，文本关注以下问题：（1）一般公众（小学生）如何评价肥胖体型，特别是有什么样的负面认知评价，及负面认知评价的影响因素是什么；（2）社会工作者采取怎样的干预实务来消除其对肥胖体型的负面认知评价。

二、文献回顾

（一）体重污名概念与影响因素

体重污名的本质是个体对肥胖体型持有的负性态度，这种负性态度包含认知、情感、行为三成分，即个体对肥胖体型持有负面刻板印象，怀有偏见态度，且表现出歧视行为倾向（Puhl & Heuer, 2009）。其中，负性刻板印象是个体提取记忆中贮存与外群体相关的贬损特质集合，是一种认知层面的表征；偏见被视为一种心理过程的情感表征，是对拥有贬损特质外群体的情绪反应，如恐惧、无知、愤怒等；歧视行为是个体基于偏见而表现出消极行为反应的集合（Puhl & Latner, 2007）。体重污名使肥胖者被视为异类，并被贴上"懒惰""愚笨"的标签，且受到不公对待（Puhl, Mossracusin, Schwartz & Brownell, 2008）。本文认同 Puhl 等对体重污名的定义，侧重于体重污名施加者（小学生）对肥胖群体的负性认知评价，并且概念性定义为：正常体重的小学生通过下行对比他人的肥胖体型并倾向于负性认知与偏见态度，表现歧视行为倾向，如贴标签、言语攻击、挤兑等。

体重污名的影响因素主要包括外在环境因素与内在认知因素。从外在环境因素上看，家庭成员、朋辈关系是体重污名的重要来源，体重污名施加者在家庭成员与朋辈潜移默化影响下，习得以贴标签、社交孤立或者言语攻击等方式对待肥胖者。如在家庭生活中，父母时常强调瘦身、减肥的重要性，并向子女灌输以瘦为美的审美观（Holub, Tan & Patel, 2011）；如在校园情景中，朋辈因对肥胖者持有负性态度，时常嘲讽、挖苦肥胖同学（Pont et al., 2017）。鉴于此，在面对家庭成员、朋辈对肥胖体型的不同信息源时，体重污名施加者可能渐渐地趋于认同家庭成员与朋辈对肥胖体型的负性态度，从而对肥胖者表现出冷漠、回避、人际排挤等行为反应。此外，在内在认知层面上，有研究表明个体内在的肥胖恐惧、优胜感、体重可控性观念显著地预测体重污名（SwaMi, Pietschnig, Stieger, Tovée & Voracek, 2010）。

（二）体重污名干预研究

去污名化（de-stigmatization）或污名应对方式（stigma regulation）主要以转变污名施加者的态度，纠正其负性刻板印象，降低差别感为干预切入点（Crapanzano & Vath, 2017）。有研究表明转变个体的因果归因方式在去污名干预过程中起到关键作用，个体基于内归因方式而持有体重可控性观念。这减轻了其在污名过程中的内疚感与心理成本（Puhl & Brownell, 2003）。鉴于此，有研究通过呼吁体重不可控性观念（如遗传基因）来开展体重去污名干预，号召公众给予肥胖人群应有的尊重及同理心，避免过激的情绪反应，如愤怒、恐慌（Major, Eliezer & Rieck, 2012）。然而，这种干预策略成效甚微，究其缘由是一味地强调认识偏差，事实上却重新聚焦到肥胖者的身体特性，使服务对象再次回溯到肥胖特性的认知视野中，从而增加了肥胖者被再度污名化的概率

（Setchell，Gard，Jones & Watson，2017）。

在体重污名与社会工作实务的整合性研究中，"人在环境中"理论模型通过个体与环境的相互机制，获得意义生成（Kondrat M. E.，2002）。这为社会工作干预实务提供理论视角。在接案过程中，社会工作者在反偏见的干预实务中扮演领导者角色（Eliadis，2006），通过服务对象所处的社会环境去解析其特定行为倾向。如社会工作者通过分析污名过程中主客体双方的心理需求与问题症结，综合考虑社会生活背景，明确干预目标，切实有效地实施体重污名干预实务（O'Toole，2018）。在介入过程中，社会工作者不仅为个体提供情感支持，而且帮助其纠正自身的认知偏差、非理性观念。如通过动员教师、家长、朋辈等多方力量，运用组员在小组互动中形成的工作压力，从而获得小组经验，进而矫正偏差行为（Lawrence，2010）。

综合以上对体重污名的概念、来源于干预实务等方面的阐释，在社会工作对体重污名的介入研究中，社会工作者通过帮助服务对象审视自身言行，增强其对肥胖成因复杂性的认识，如遗传、代谢等因素导致肥胖的体重不可控性观念，从而减少个体对肥胖体型的负性认知评价。这为本文开展体重去污名干预研究提供借鉴。然而，现有研究仅从概念界定与理论方面进行分析，缺乏实务研究基础，存在"本质主义"的认识定势。不仅如此，现有研究未能通盘考虑个体所处的环境因素来重新审视体重污名，而这正是社会工作依据"人在环境中"理论的基本要义。校园是青少年社会化进程的重要场所，教育工作者与社会工作者都肩负着重要使命与责任，并产生深远影响（Gray，Kahhan & Janicke，2009）。社会工作者应与服务对象建构专业关系下赢得彼此信任，帮助教育工作者与学生之间、学生与学生之间积极互动，营造和谐、开放和包容的班级氛围。

三、研究设计与思路

本文借鉴行动研究五个阶段模型,包括界定问题、订立计划、实施方案、评价成效及总结反思五个研究周期(见图1)。其中,问卷调查、深入访谈、自我反思是收集与分析每阶段研究数据的重要手段(Susman,1983)。在问题界定上,本文采用基于建构主义的质性研究方法,依据访谈提纲,询问被试对研究议题的看法,探究个体与家庭成员、同伴的互动模式,从而摸索意义生成过程(莱昂斯,2010)。本文通过在福建省宁德市S小学的社会工作实践,以"人在环境中"理论取向为引领,分别对4年级至6年级小学生进行抽样调查,通过半结构式访谈问卷唤起被试的特定情感与行为倾向,收集到第一手资料。具体步骤如下。

(1)由笔者、问卷调查员告知体重污名的内涵与表现。

(2)询问被试是否与肥胖同学接触?如周围是否有体型肥胖的家人和同学。

(3)询问被试对肥胖体型的认知与评价。如:"您感觉超重、肥胖同学在生活、学习、人际交往等方面会遇到什么样的困难?"

(4)要求被试解释对肥胖体型的负性认知与评价的缘由,如:"据您认为超重、肥胖同学有什么缺点让您难以忍受,原因是什么?如没有,您认为是什么因素会导致超重、肥胖?"

(5)对被试填答的文本资料进行类属分析,提炼文本资料的主题(类属),划分文本资料为不同单位(代码),整合被试对肥胖者的观点与评价,从而梳理体重污名的表现形式与影响因素的关键词,以期界定被试对肥胖的负性认知、偏见态度与行为倾向,剖析其中存在的共性与个性问题。这为社会工作介入体重去污名实务奠定概念基础。

为汇总被试文本资料,笔者按照被试的年级和编号进行归档,如4年级1

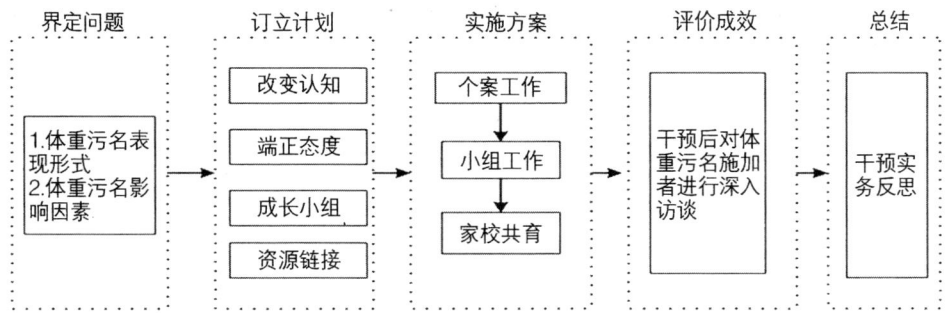

图1 行动研究五个阶段模型

号被试为 A1，5 年级 1 号被试 B1，6 年级 1 号被试 C1；为尽可能地提取出新的主题和代码，以期达到信息饱和，笔者共收取有效样本 38 个，其中 4 年级 15 名，5 年级 11 名，6 年级 12 名。

体重污名是在施加者与遭受者在人际互动中形成与发展的，其结果对污名双方都具有不同程度的影响。本文从施加者的角度，分析一般公众（小学生群体）对肥胖体型的负性认知评价并进行干预，以期从污名源头上最大限度地阻滞、规避体重污名的形成与发展。在介入方案上，社会工作者基于服务对象存在的问题与需求，确立干预目标，以小组工作为主，综合运用多种方法来提供服务。与此同时，笔者调查由教师、教导处转介学生的具体情况，如欺凌行为频率、类型及其家庭基本情况，结合王忱诚修订的《对肥胖者态度测试量表》得分情况（大于一个标准差）且兼顾学生课时安排，最终选取 8 名体重污名施加者（编号为 G）为服务对象并进行深入访谈。访谈题目与问题界定部分相似，笔者以半结构式访谈问卷为访谈提纲，询问 8 名服务对象，从而获得访谈数据（见表1）并进行文本分析。"人在环境中"理论提示社会工作者应重视个体因素和社会因素的交互作用，着眼于服务对象的优势资源，并进行整合与赋能。因此，本文通过改变认知、端正态度、成长小组及链接资源方面，帮助服务对象形成对肥胖体型的正确认识。

表 1　样本构成

编号 A	编号 B	编号 C	编号 G
15 名（男性 9 名，女性 6 名）	11 名（男性 5 名，女性 6 名）	12 名（男性 4 名，女性 8 名）	8 名（男性 3 名，女性 5 名）

在实施方案上，本文通过调查、分析体重污名表现形式与影响因素，从而界定问题，确定干预目的，并订立体重去污名社会工作干预实施方案。在社会工作专业方法中，小组工作是基于个体的问题与需求，以小组为单位进行面对面互动，引导组员在互动中获得成长经验，而小组压力对组员的态度和信仰转变具有实质性影响，特别适用于认知偏差问题（Panzer & Dhuper, 2014）。污名与社会设置有关，个体与环境是一个互动体系，个体在特定环境中学习与生活，其症结在人际互动中产生，也在互动中训练心理品质，习得解决问题的技能（Shawn, Rebekah & Peggy, 2010）。因此，社会工作者通过小组工作，借助小组动力，从而转变组员对肥胖体型的偏见态度，使其学会换位思考，力促组员与肥胖群体间沟通交流。个案工作是社会工作者为个体或者群体整合各项实现"助人自助"的助人过程，通过调动多方资源为服务对象提供专业服务，使其察觉自身问题、行为的性质与后果，从而纠正错误认知。社区社会工作通过加强学校、家长、社区间的联系，让家长了解学校的规则制度、子女在校表现情况，学校对学生在校表现情况进行实时追踪与反馈，使得家庭教育与学校教育相互配合。

在干预效果的评价上，笔者依据访谈提纲在干预实施后对 8 名体重污名施加者进行深入访谈，访谈时长在 10—15 分钟内，具体步骤如下。

（1）询问施加者对干预活动的主观感受。如："社会工作者提供的服务对你有帮助吗？如有，怎么样的帮助？举例说明印象最深刻的地方。"

（2）询问被试对肥胖体型的认知与评价。如："现在你对肥胖同学的了解程度进行打分，你会打几分（0—5 分）？在什么情况下你会多加一分？"

（3）要求施加者就增进与肥胖同学互动的意愿进行说明。如："将来打算怎么样与肥胖同学相处？"

(4)笔者对施加者的填答资料进行文本分析,随后进行编号、归档、分析与提炼,以期作为社会工作介入的评估方式。

四、体重污名:表现形式与影响因素分析

本文聚焦于小学生对肥胖体型的负性认知评价,通过半结构式访谈问卷,收集第一手资料,并进行文本分析。其中,体重污名的表现形式分成 2 个大类,3 个亚类,18 个污名化特征(见表 2)。

表 2 体重污名的表现形式

大类	亚类	污名化特征	典型描述
感知	刻板印象	懒惰/挑食	肥胖就是懒惰、贪食造成;挑食、厌食才导致瘦小(G4);不爱运动(C3);饮食无规律,经常不吃早餐,吃夜宵(B3);经常吃高热量零食(如奶茶)(A2)
		走神	肥胖同学易于犯困,上课注意力不集中(C12)。她胖,说明很懒,所以学习成绩可能不太好(G8)
		体味	可能是因为太胖了,他经常流汗,身体有汗臭味(G1)
		吃货	他除了关心吃什么,对别的事都没有兴趣(G6)
		邋遢	我同学衣衫不整,经常露出他的"游泳圈"(C7)
		迟缓	她跑步很吃力,体育课表现不佳(A5)
		丑陋	肥胖的人真的美不起来,她的脖子呢?这样体型穿衣服穿不出美感(C5)
	偏见态度	生活不便	衣服、裤子不好买(B7)。手碰不到脚(A5)
		难受	看到她长得那么胖,和她成为同学,让我很难受(G7)
		生气	瞧瞧他跑不动的样子,我就来气,怎么会那么的胖,就不能自我控制下吗?(B3)
		恐惧	看到那位胖乎乎同学在大口地吃薯片,我都不忍直视(G5)
		恶心	看到他的肚腩,我是看不下去了,好恶心(A9)
		暴躁	他经常在我面前晃来晃去的,这让我的情绪很暴躁(C5)

(续表)

大类	亚类	污名化特征	典型描述
行为	歧视行为	挤兑	看到她那么胖,我都不爱跟她多说话,还好我没有和她同坐,不然就完蛋了,和她同坐,要画好"三八线"(G8)
		标签	他不是和我们是一国的,我们想想给他起个什么外号好呢(G2)
		外群体拒绝	我喜欢与体型和我相似的同学交朋友,因为我认为这样的人比较自律(C8)
		区别对待	男同学会区别对待胖、瘦的女同学。如对身材好的女生就什么都是对的,对于体型肥胖的女生带有歧视行为或者嘲笑的言语(C8)
		从众/孤立	上次我跟他玩,大家都说我将来会和他一样的胖,这是真的嘛?我不想和他玩了(G8)。别的同学怎样对待肥胖同学,我也怎样对待他(G3)

虽然,小学生对肥胖的负性认识评价不尽相同,但仍存在共同之处。小学生群体存在体重污名现象,突出表现在感知与行为两个大类上。如小学生对肥胖体型的评价趋于负面,部分小学生不愿主动与肥胖者接触与互动。

体重污名影响因素分成2个大类,4个亚类,9个指向(见表3)。从描述内容看,环境因素和认知因素造成了小学生对肥胖体型的负性认知评价。这些认知可能在不经意间、无意识状态下习得。如父母的言传身教与价值观传递、朋辈示范作用。

表3 体重污名的影响因素

大类	亚类	指向	典型描述
环境因素	人际环境	家庭成员	这样的同学平常肯定是不听话，我妈说不能和他一起玩（A4）。我弟弟最近长胖非常多，爸爸常常训斥，都不让他多吃零食（C1）。妈妈不让我吃太多，也不给我零花钱，说是为了我好，免得放学后吃垃圾食品，我也表示很无奈（B7）。我妈说肥胖就是懒惰、贪食造成，将来身材肯定不好看（G4）
		朋辈	看着她那个样子，班上同学喜欢嘲笑她（B2）。看到大家都这样地对待她，那我也这样对她咯，反正也没有人说我什么（G3）。我只能默默地看着同学挤对她，谁叫她胖呢？（C9）
认知因素	肥胖恐惧	害怕变胖	我特别害怕变胖，所以我都不敢多吃东西（G5）。害怕别人用异样的眼光看待自己（B3）。担心哪天穿不上自己喜欢的衣服。我对自己的体重不是很满意（C4）。所以我不能变胖，不能像我同学一样胖，将来我的身材肯定比她好（G4）
	体重可控性	过量饮食	肥胖是因吃得多引起的（A6）。均衡营养很重要，吃该吃的东西，不该吃的不要吃，多学习关于健康方面的知识（C2）
		缺乏运动	肥胖同学估计都不爱运动。要加强锻炼（A11）
		先天、后天因素	肥胖可能是遗传、作息不规律熬夜造成的（C10）
		意志力薄弱	肥胖同学自制能力差。如对自身的身材管理不当且缺乏意志力，导致身材出现问题（G8）
	优胜感	引导舆论	肥胖同学不应期望能过着与我们一样的学习生活，大部分都不喜欢肥胖同学（A1）
		社会比较	我觉得我脸蛋的肉比较少，所以比较好看（B11）

五、体重去污名的行动规划

本文通过文本分析，发现小学生体重污名表现形式及影响因素。如小学生因家庭成员的言传身教与价值观传递、朋辈示范作用，通过下行社会对比获得优胜感，从而对肥胖体型倾向于负性认知，强化偏见与歧视行为。这造成欺凌事件时有发生（Krukowski et al.，2009）。然而，体重污名是在人际互动过程中形成与发展的，社会工作者应以"人在环境中"为理论视角，将个体的心理状态、心理过程放在特有社会环境中去理解个体的特定行为，在人际互动中获得的意义生成，在相互作用中建构，从而分析共性与个性问题，确定干预目标（Kondrat，2002）。这个理论模型启示社会工作者要关注如下实务要点：一是提高个体解决问题与适应环境的能力；二是关注个体与环境间的关系，链接优质资源。对此，社会工作者应促进学生间积极互动，改善人际关系，增强个体"自决"能力；通过改变认知、端正态度、成长小组及链接资源等方式，帮助体重污名施加者形成对肥胖体型的正确认识，增进人际互动。具体而言：一是改变认知，社会工作者帮助施加者意识到自身言行举止的性质与后果，使其正视肥胖恐惧，纠正错误的归因方式，从而消除对肥胖体型的不当认识；二是端正态度，社会工作者充分运用焦点解决短期治疗法让问题式谈话转化为解决式谈话；三是在小组活动中，社会工作者通过增强组员的自我意识，正视自身问题，同时增进组员间人际沟通技巧，增进人际沟通与互动；四是链接资源，社会工作秉承"人在环境中"专业理念，重视个体因素和社会因素的交互关系，通过整合家长、学校等优势资源进行赋能，实现助人自助。

六、社会工作介入体重去污名的实践

(一) 社会工作介入体重去污名的模式

社会工作介入体重去污名模式以 8 名体重污名施加者为服务对象,综合运用小组工作、对话式个案工作、家校共育等方法,从认知转变、强化互动、链接资源三个方面,帮助服务对象形成对肥胖体型的正确认识(见图2)。

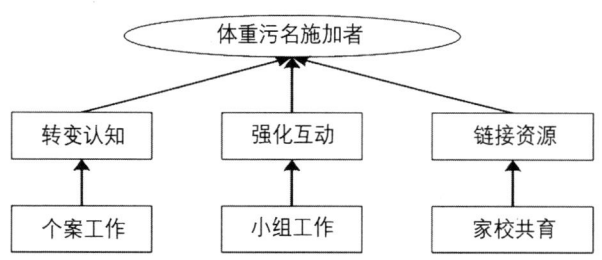

图2 社会工作介入体重去污名模型

(二) 实践过程

1. 个案工作

个案工作的心理社会治理模型指出,个体生活在特定的环境中,个体所面临的问题受到心理因素、环境因素与心理和环境因素互动三个方面的影响。因此,社会工作者要充分了解服务对象的信息,厘清需求与目标,及时进行心理动态诊断。

(1) 个案的基本资料

G3，男，11岁，六年级，学习成绩中等，体型适中。父母均为双职工，体型微胖，生怕G3变胖。在校期间，G3上课注意力不集中，老爱捉弄、排挤肥胖同学。在家里，G3不爱与父母讲话，有逆反心理。依据班主任、教师、家长的访谈结果，G3由班主任推荐且自愿接受社会工作者帮助，成为个案工作的服务对象。

(2) 个案工作的一般过程

第一阶段：建立良好的专业关系，厘清需求与目标。

在接案过程中，基于尊重及案主自觉原则，社会工作者与服务对象建立专业关系后开展个案工作。为深度探讨服务对象的问题症结，笔者聚焦于服务对象的需求和目的，关注细微改变，在会谈中灵活使用例外问句、奇迹问句、差异问句、评量问句，厘清案主的问题与需求，使个案工作更具有治疗效果。(如下对话，F代表笔者，G代表服务对象)

F：假如你今天和平时一样上床睡觉，就在睡觉时，奇迹发生了，这个奇迹就是你面临的问题都解决了，因为你在睡觉，所以没有被告知，那么你第二天早上醒来时，你会注意到有何不同？

G：可能我不再取笑同坐为"胖猪"。

F：最近的几周内，是否有某一时刻出现一些情况像你所说的那种奇迹，哪怕是一点也行。

G：我再想一想。

F：其他人会注意到你做了什么，让他们知道你变得更好？

G：不去挤对她，和她一起自习，我愿意试一试。

F：我想请你做一评量问卷，从0—10进行评分，如果你不去挤对她，你今天的心情如何，0是很不好，10是非常好，你给几分。

G：6分。

F：为什么是6分，而不是7分？怎么样才能再提高1分，或者1分太难，那么提高0.5分的信心有多大？

G：有一次，她被我说哭，我当时没有往心里去，只记得她鄙视我的眼神，可能我的行为对她造成了点伤害！我的心情也很糟糕。

与服务对象建立专业关系后，笔者通过与G3进行深入访谈，在拜访G3的家庭成员、教师与同学过程中收集基本资料，以期评估G3的问题与需求（见表4）。

表4 服务对象基本情况与需求

项目		内容
1. 施加者的基本资料		经了解，G3现与母亲、弟弟住在一起，母亲就职于国有企业，平日工作没日没夜。G3上学期间都在学校附近小吃店吃饭，喜欢与同学结伴玩耍，晚上回到家，很少主动与母亲讨论在学校的学习情况
2. 施加者与家人、朋辈间的问题	施加者的心理问题	上学期间用言语攻击、排挤等方式对待肥胖同学后觉得很有乐趣。同时，欺负贪食的弟弟后觉得自身威严得到维护，但是把弟弟弄哭后又懊悔不已
	施加者的行为问题	G赞同身边重要他人对肥胖体型的负性认识与评价，在社会互动中习得负性态度，致使其与同学、弟弟之间的人际关系紧张
	亲子互动问题	母亲的"以瘦为美"价值观及肥胖者学习成绩不好的非理性观念，在不知不觉中传达对肥胖的负性评价
	朋辈交往问题	班上同学也时常欺凌肥胖同学，且未得到制止与惩罚，从而强化欺凌行为
3. 施加者的需求		长期生活在肥胖恐惧的家庭氛围中，且跟从朋辈对肥胖者的欺凌行为。因此，在认知上需克服肥胖恐惧。社会工作者通过促成师生间积极沟通，帮助服务对象形成对肥胖体型的正确认知评价，友善对待肥胖者

第二阶段：订立目标与计划。

通过与G3访谈结果，结合获得的基本资料，梳理服务对象的问题与需求，订立目标：关注细微改变，协助服务对象审视自身言行，促使其做出改变；纠正错误认知，帮助服务对象转变非理性观念，学会换位思考。

第三阶段：个案工作的介入过程。

第一次介入：关注细微改变

"人在环境中"理论指出个体的一般心理过程与特定行为需在社会环境整体框架下进行考察。个案工作不仅可以进行心理辅导，还可以提供社会支持网络。在"无条件接纳""尊重"的专业伦理上，社会工作者与施加者建立专业关系，进行面对面、一对一的帮扶；聚焦于需求和目的，关注细微改变，最终使其在认知上克服肥胖恐惧，切断对肥胖体型的不当认识来源。（如下对话，F 代表笔者，G 代表服务对象）

F：你妈妈昨晚煮什么菜给你吃呀？

G：就是些家常菜，五菜一汤，都是我们爱吃的菜。

F：真是一位好母亲呀，平常工作那么忙，晚上有空闲时间就做好吃的，还有给你辅导功课。

G：其实，我妈妈经常叮嘱说："不要乱吃东西，不然容易变胖，很难看呀，看看电视广告里哪里有胖乎乎的模型呀，所以一定不能变胖。"而且，经常在饭桌上讲这些。这个就是我妈的想法，我弟弟就逆着她，所以越吃越胖。

F：老是说这样的话，会在家庭中渲染肥胖恐惧的氛围。这会对你造成什么样的影响。请具体说说。

G：对呀，我渐渐地反感同班的胖子，我觉得胖子都是吃货。

F：有时候你可能没有意识到，自己的言行会对他们造成伤害。

G：我要对弟弟好一点。

F：对的，你已经开始在改变了，以后会变得更好。

第二次介入：纠正错误认知

理性情绪治疗模式指出，个体对诱发事件的认知与评价所产生的信念是影响情绪与行为的重要因素。社会工作者协助服务对象察觉对肥胖体型的非理性观念。这些非理性思维可能源于其家人的"僵化信息",他们将肥胖者关联为无能、笨拙等属性特征,从而形成了对肥胖的负性认知评价。因此,社会工作者需要帮助施加者纠正其错误的归因方式,重塑自身与肥胖者间的平等地位,形成对肥胖体型的正确认识。(F代表笔者,G代表服务对象)

F:体育老师让大家排成纵列进行跑步接力,有学生不太乐意与肥胖同学一组,我问他为什么要这样,他说:"同学太胖了,那么大的手臂露出来,那么多肉,肯定跑不动,我才不要和他一组。"你能具体说说对这件事的看法吗?

G:我觉得长得太胖的同学就像电视剧《西游记》里的猪无能一样,就知道吃,啥事都没做,我家人也是这么觉得。对,不要和猪无能一起玩。

F:刻意远离长得胖的同学怎么就成了你的问题呢?

G:和长得胖的同学一起玩,别的同学也会嘲笑我,觉得我跟肥胖同学是一伙的,所以我不能和他一起玩。

F:体型肥胖可能是由多方原因造成的。如果你与肥胖同学对换下体型,我想你可能对他的偏差行为会消退不少。如果同学恢复到正常体重,你会有什么不同呢?

G:那我可能会和他成为好朋友,一起上课,一起玩。

F:希望大家互助互爱,尊重班级上的每个同学,不会随便给同学起外号,长得胖点是身体的一部分,也是很可爱的,大家要共同努力把班级变成一个开放、平和、包容的小集体。

G:明白了。

第四阶段:结案与评估。

个案工作介入完结后,笔者向G3说明社会工作实践活动已进入结案阶段,并鼓励其按照事前订立目标,不断地审视自己对肥胖同学的言行,努力改善人际关系。在最后一次会谈中，G3表示目前已对肥胖者的看法有所改观，且希望与其积极互动。然而，个案工作仍存在不足之处：一是未能在特定情景进行角色扮演，促使服务对象消退歧视行为倾向；二是未能对歧视行为倾向给予正强化，借助小组动力促使服务对象对肥胖体型的评价做出积极改变，进而纠正对肥胖体型的负性认识。在后续干预过程中，笔者运用小组工作，改善组员间的互动方式。

2. 小组工作

针对组员在感知上对肥胖体型趋于负面评价，且不愿主动与肥胖者接触与互动的问题，为使组员在活动增进交往，在交往中产生心理互动，在互动中增进理解，社会工作者组织历时一个星期，共计4次的小组活动，每次活动2小时（见表5）。在小组活动中，组员在互动中完成各自的角色职责，重新演绎心理冲突，体验肥胖的困难与污名经历。理解来自交往，社会工作者以图片、故事的形式讲述肥胖者的人格特征，帮助组员彼此分享"此时此刻"的感悟，通过唤起集体意识觉醒，端正偏见态度，从而自觉抵消歧视行为倾向。

表5 体重去污名小组过程

小组阶段	节数主题	活动目的	活动详情
小组初建	菜市场	通过破冰游戏，帮助组员间相互认识，增强人际交往技能	1. 小组成员排成一个圆，开展破冰游戏 2. 引导组员组建团队，活跃气氛 3. 拟设小组压力，增进人际交往能力，如男同学表示1个金币，女同学表示2个金币，当社会工作者喊起要筹5个金币，同学们就要自行组合，组合成功的同学要迅速蹲下，未组合成功的同学将受到惩罚

（续表）

小组阶段	节数主题	活动目的	活动详情
小组前期	我是"胖子"角色扮演	组员通过角色扮演，体验肥胖者在行走、穿衣等日常生活中的困难及心理冲击，力促组员换位思考，消除对肥胖体型的负性认识评价	1. 组员穿着厚重的衣服穿梭于障碍物间进行闯关，如闯关不过时，就要在场上分享肥胖角色扮演体验与感受，吐露其对肥胖体型的真实想法 2. 用纸笔写下角色扮演的体验
小组中期	你中有我我中有你	通过人际互动，让组员感知他人对自己的评价，通过他人这面"镜子"重新认识与反思自己，修正偏见态度	1. 本阶段，每个组员分别介绍所有组员的优点，再分析下自己的优点 2. 要求组员认真聆听其他组员对肥胖态度与评价及最难以忍受的地方 3. 帮助每个组员深入反思进行的污名经历，达成情感共鸣，端正负性态度
小组后期	心田喜事	让组员知悉肥胖者的人格特征，分享触点及启示，帮助组员消退歧视行为倾向	1. 以图片、故事讲述的方式，呈现肥胖者的人格特征，描述故事主人翁的心路历程 2. 让组员共同探讨肥胖的人格特征，彼此触发的感受及启示 3. 共同分析体重污名对自身及他人的影响

3. 家校共育

营造校园和谐氛围，维护校园安全环境是防治校园欺凌行为的必然要求。体重污名作为一种校园欺凌方式，阻滞校园欺凌不能仅依靠学校教师的力量达成。为促进正确认识儿童超重肥胖，避免对肥胖儿童的歧视，《儿童青少年肥胖防控实施方案》明确并细化学校与家庭的主体责任。因此，开展旨在从源头上转变体重污名施加者对肥胖体型负性认知评价的去污名干预实务需要家校共育（Family-school Co-education）。家校共育通过强化教师与家长间的沟通与联系，综合推进家庭教育与学校教育，运用家庭与学校互动平台形成阻滞校园欺凌的合力。如教师与家长形成统一战线，共享学生在校、在家表现等信息。这使教师能更好地掌握学生的家庭成长环境，家长能更迅速地洞悉孩子面临的欺凌问题。同时，家校共育通过小组工作促进学生、家庭、学校间积极互动。作为小组成员，父母在小组工作中帮助学生正视欺凌问题及自身对肥胖体型的态度，配合教师完成调查家庭基本情况，分析问题症结，协助社会工作者订立与实施针对欺凌问题的干预实务。此外，社会工作者协助学校落实肥胖防控工作，增强父母参与欺凌问题的干预实务意识，积极为父母链接互动平台的信息资源，如帮助父母在社交自媒体、学校网站获取相关信息，倡议新闻媒体等相关制作单位避免启用贬损肥胖体型的用语，净化校园舆论空间，以期为开展体重去污名干预实务提供亲情援助、校园支持、社会重视的社会支持网络。这是贯彻落实《儿童青少年肥胖防控实施方案》的必然要求，也起到社会工作的发展性功能（Hayden-Wade et al.，2005）。

七、实践成效评估

通过 4 节小组活动、个案工作、家校共育介入方式，施加者从刻板印象、偏见态度到歧视行为层面均取向于正面，从角色扮演到角色转变，使其更加从容、积极地应对肥胖同学，从而提高校园生活的适应能力。具体表现见表 6。

表6 效果评估

亚类	关联词与行为	描述
刻板印象	可爱	长得胖点是身体的一部分，也是很可爱的，大家要共同努力把班级变成一个开放、平和、包容的小集体（G1）
	健谈	讲到他感兴趣的话题，他话也挺多的。和他交谈下来，也挺舒服的（G7）
偏见态度	心平气和	每个人都可能会胖，我会心平气和地看待肥胖同学（G5）

（续表）

亚类	关联词与行为	描述
歧视行为	自我察觉	可能是我的言行伤害了他，我得反思下自己（G3）
	尊重	我希望大家互助互爱，尊重班级上的每个同学，不会随便给同学起外号，我也不叫同坐"胖猪"了（G8）

八、实践反思

本文聚焦于小学生对肥胖体型的负性认知评价，采用质性研究方法，通过半结构式访谈问卷，分析体重污名的表现形式与影响因素。这为社会工作者界定施加者的共性与个性问题奠定了概念基础，确保介入方案有的放矢。同时，本文综合运用小组工作、对话式个案工作、家校共育等方法，从认知转变、强化互动、链接资源三个方面，消除体重污名施加者对肥胖者的负面认知评价。这进一步拓展了在欺凌行为方面的社会工作实务。但是，如何探索适用中小学生体重去污名的干预实务是本研究一直在反思的内容。

一是通过扰动固有污名过程，恢复学生心理功能。社会工作干预实务内涵应具有更广泛的社会效应，应让全体学生都受益，而不仅是受污名学生或者遭受欺凌学生。在体重去污名干预中，社会工作者应发挥倡导者、领导者角色的作用。如组织面临相同问题症结的学生积极互动，通过交谈与分享形成的小组压力，转变其偏见态度；通过分析污名过程的主体与客体间内在心理冲突，直面施加者对肥胖负性的刻板印象与肥胖恐惧，从而阻滞标签化、孤立化的欺凌行为倾向。在介入过程，建立专业关系后，社会工作者通过直接质疑的方式询问施加者，指出其因害怕变胖而刻意节食，并养成不良的饮食习惯。这使其重温过往的污名经历，逐步认识到自身言行对肥胖同学的性质与后果。与此同时，小组工作目的是引导小组成员间互动，以游戏内容为载体，以互动为手段，增进组员间的情谊。如在游戏治疗中，通过体验肥胖困难和感受，组员可分享自己的污名体验，以期宣泄负面情绪，社会工作者给予情感回应，从而增强组员解决与应对问题的能力，进而恢复心理功能。这起到社会工作的复原功能。

二是携手推进学校心理健康教育工作的发展。社会工作者与学校心理工作者紧密配合，秉承以学生为中心的教育理念，针对肥胖、肤色、生源地等缘由的欺凌行为，学校心理工作者通过评估工具分析学生的态度倾向；社会工作者通过与学生共同描述自画像、生命树、家庭生态图等方式，评估其与周边重要他人关系的总体情况，探究个体与环境互动间所产生的关联，并与学校心理工作者共同讲授维护心理健康的基本知识与技巧，帮助学生了解肥胖的病理机制及心理发展阶段特点，努力消除学生对肥胖的错误归因，形成正确的价值观与生活态度，这为大范围开展体重去污名干预实务奠定观念基础。同时，面向全体学生开展预防性和发展性的心理健康教育课程，在学科教学中、在课外活动中、在校园环境中渗透心理健康知识，开展积极的心理健康教育活动，促使学生全面发展。此外，学校应积极组织教育工作者参与防范校园欺凌的系列培训，切实增强防范校园欺凌的意识。这也是落实《加强中小学生欺凌综合治理方案》的应有之义。

那么，凭借社会工作自身专业优势能否自如地应对校园欺凌行为呢？答案是否定的。回归现实，在社会工作干预体重去污名实务中，存在诸多不足之处：一是学校社会工作的进驻率较低，未得到社会大众的普遍认可，尤其在农村或偏远地区；二是队伍建设薄弱，社会工作者应对校园欺凌的能力参差不齐。体重去污名社会工作干预实务任重而道远。社会工作需要社会政策的保障，解决学生欺凌行为问题又离不开社会工作，而这个落脚点在于社会工作者与教育工作者正向促进，共同探索新时期下中小学心理健康教育之道。

参考文献

莱昂斯（2010）. 心理学质性资料的分析. 重庆: 重庆大学出版社.

Carels, R. A., Young, K. M., Wott, C. B., Harper, J., GuMble, A., Hobbs, M. W. & Clayton, A. M. (2009). Internalized Weight Stigma and Its Ideological Correlates among Weight Loss Treatment Seeking Adults. *Eat Weight Disord*, 14 (2-3), e92-97. doi: 10.1007/bf03327805.

Crapanzano, K. & Vath, R. J. (2017). Long-Term Effect of a Stigma-Reduction Educational Intervention for Physician Assistants. *J Physician Assist Educ*, 28 (2), 92-95.

Eliadis, E. E. (2006). The Role of Social Work in the Childhood Obesity Epidemic. *Social Work*, 51 (1), 86-88.

Gray, W. N., Kahhan, N. A. & Janicke, D. M. (2009). Peer Victimization and Pediatric Obesity: A Review of the Literature. *Psychology in the Schools*, 46 (8), 720-727.

Hayden-Wade, H. A., Stein, R. I., Ghaderi, A., Saelens, B. E., Zabinski, M. F. & Wilfley, D. E. (2005). Prevalence, Characteristics, and Correlates of Teasing Experiences among Obese VS. Non-obese Peers. *Obesity Research*, 13, 1381-1392.

Holub, S. C., Tan, C. C. & Patel, S. L. (2011). Factors Associated with Mothers' Obesity Stigma and Young Children's Weight Stereotypes. *Journal of Applied Developmental Psychology*, 32 (3), 118-126.

Janet, T. A., Deborah, C., Granberg, E. M. & Major, B. (2018). How and Why Weight Stigma Drives the Obesity 'Epidemic' and Harms Health. *BMC Medicine*, 16 (1), 123.

Kondrat, M. E. (2002). Actor-Centered Social Work: Re-visioning "Person-in-Environment" through a Critical Theory Lens. *Social Work*, 47 (4), 435-448.

Krukowski, R. A., West, D. S., Philyaw Perez, A., Bursac, Z., Phillips, M. M. & Raczynski, J. M. (2009). Overweight Children, Weight-Based Teasing and AcadeMic Performance. *Int J Pediatr Obes*, 4 (4), 274-280.

Lawrence, S. A. (2010). The Impact of Stigma on the Child with Obesity: Implications for Social Work Practice and Research. *Child & Adolescent Social Work Journal*, 27 (4), 309-321.

Major, B., Eliezer, D. & Rieck, H. (2012). The Psychological Weight of Weight Stigma. *Social Psychological & Personality Science*, 3 (6), 651–658.

Marini, M., Sriram, N., Schnabel, K., Maliszewski, N., Devos, T., Ekehammar, B., ... Nosek, B. A. (2013). Overweight People Have Low Levels of Implicit Weight Bias, But Overweight Nations Have High Levels of Implicit Weight Bias. *Plos One*, 8 (12), e83543.

Martorell, R. (1994). Reversibility of Stunting: Epidemiological Finding in Children from Developing Countries. *European Journal of Clinical Nutrition*, 48, S45–57.

Ng, T. (2014). Global, Regional, and National Prevalence of Overweight and Obesity in Children and Adults during 1980–2013: A Systematic Analysis for the Global Burden of Disease Study 2013. *Lancet*, 384 (9945), 766–781.

O'Toole, J. (2018). Crafting Weight Stigma in Slimming Classes: A Case Study in Ireland. *Fat Studies*, 8 (1), 1–15.

Panzer, B. M. & Dhuper, S. (2014). Designing a Group Therapy Program for Coping with Childhood Weight Bias. *Social Work*, 59 (2), 141–147.

Pont, S. J., Puhl, R., Cook, S. R. & Slusser, W. (2017). Stigma Experienced by Children and Adolescents with Obesity. *Pediatrics*, e20173034.

Puhl, R. M. & Brownell, K. D. (2003). Psychosocial Origins of Obesity Stigma: Toward Changing a Powerful and Pervasive Bias. *Obesity Reviews an Official Journal of the International Association for the Study of Obesity*, 4 (4), 213–227.

Puhl, R. M. & Heuer, C. A. (2009). The Stigma of Obesity: A Review and Update. *Obesity*, 17 (5), 941–964.

Puhl, R. M. & Latner, J. D. (2007). Stigma, Obesity, and the Health of the Nation's Children. *Psychological Bulletin*, 133 (4), 557–580.

Puhl, R. M. & Luedicke, J. (2012). Weight-Based Victimization among Adolescents in the School Setting: Emotional Reactions and Coping Behaviors. *J Youth Adolescence*, 41 (1), 27–40.

Puhl, R. M., Mossracusin, C. A., Schwartz, M. B. & Brownell, K. D. (2008). Weight Stigmatization and Bias Reduction: Perspectives of Overweight and Obese Adults. *Health Education*

Research, 23 (2), 347–358.

Puhl, R. M., Wall, M. M., Chen, C., Bryn Austin, S., Eisenberg, M. E. & Neumark-Sztainer, D. (2017). Experiences of Weight Teasing in Adolescence and Weight-Related Outcomes in Adulthood: A 15-year Longitudinal Study. *Preventive Medicine*, 100, 1–29.

Rebecca L, P. (2018). Weight Bias and Stigma: Public Health Implications and Structural Solutions. *Social Issues and Policy Review*, 12 (1), 146–182.

Setchell, J., Gard, M., Jones, L. & Watson, B. M. (2017). Addressing Weight Stigma in Physiotherapy: Development of a Theory-Driven Approach to (Re) thinking Weight-Related Interactions. *Physiotherapy Theory & Practice*, 1–14.

Shawn, L., Rebekah, H. & Peggy, H. (2010). Understanding and Acting on the Growing Childhood and Adolescent Weight Crisis: A Role for Social Work. *Health & Social Work*, 2 (2), 148–153.

Solbes, I. & Enesco, I. (2010). Explicit and Implicit Anti-Fat Attitudes in Children and Their Relationships with Their Body Images. *Obesity Facts*, 3 (1), 23–32.

Susman, G. I. (1983). *Action Research: A Sociotechnical Systems Perspective*. London: Sage Publications.

Swami, V., Pietschnig, J., Stieger, S., Tovée, M. J. & Voracek, M. (2010). An Investigation of Weight Bias Against Women and Its Associations with Individual Difference Factors. *Body Image*, 7 (3), 194–199.

A Study on Social Work Intervening in Weight De-Stigmatization among Primary School Students

Chen Hao, Ye Yi-duo

(School of Psychology, Fujian Normal University, Fuzhou, 350117)

／ Abstract ／

Weight stigma, as a kind of bullying on campus, interferes with the socialization process of primary school students, which needs to be paid close attention to. Based on the five-stage action model, social work intervention in weight de-stigmatization goes through five stages: exploration, planning, implementation, evaluation and summary. In the face of the common and individual problems of the stigmatizer, the social workers intervention contains three aspects: cognitive transformation, strengthening interaction and linking resources, which makes the stigmatizer form a correct understanding of the obese, improve the way of interaction with them, and eliminate bullying. This proves the practical value of social work in weight de-stigmatization.

／ Keywords ／

Weight stigma, Social work intervention, Campus bullying, Primary school students

中高收入家庭高龄二孩妈妈生育动机的质性探究*

李文桐　耿文秀**

（华东师范大学心理与认知科学学院，上海，200062）

/ 摘　要 /

本研究试图在排除影响生育的重要因素——经济制约的条件下，考察当代中国女性生育二孩的动机及影响因素。笔者采用质性研究方法，通过目的性取样、参与式观察等方法，深度访谈了 9 名中高收入家庭的高龄二孩妈妈。笔者对访谈资料做解释现象学的三个层次分析。首先从整体—内容维度，揭示出高龄二孩妈妈的自我认定："特殊政策下的一代人"，对其生命故事和成长经历进行归纳性描述、并建立"生命树"。其后从类别—内容维度，对其生命叙事进行横向比较和分析性描述；并通过"自下而上"的扎根理论分析，尝试在其生命叙事与性别理论之间建立对话。最后返回原始资料，"自上而下"地

---

* 项目来源：2019 年度江苏省社会科学基金一般项目（基金编号：19SHB007）。

** 通讯作者：耿文秀，教授，博士生导师，E-mail: wxgeng@126.com。

试图诠释其生命叙事，揭示和探索社会、家庭和配偶等不同因素对中高收入家庭的高龄二孩妈妈生育动机的深刻影响。研究发现：（1）家庭高于事业的传统女性性别意识仍然深刻影响着今天中高收入家庭的高龄二孩妈妈；（2）二孩已成为中高收入家庭的标配，"攀比"则是促进中高收入家庭生育二孩的重要动机之一；（3）高龄生育二孩，大大缓解了中高收入家庭男性的"中年危机"；（4）老人普遍消极的态度对中高收入家庭高龄二孩妈妈生育动机有"积极"的影响；中高收入家庭老人对子女高龄生育二胎并不积极支持。

／关键词／

中高收入家庭，高龄二孩妈妈，生育动机，性别意识，中年危机

一、问题提出

我国 2013 年"二孩政策"和 2015 年"全面放开二孩"的政策出台后，并未出现很多专家先前担心的二孩生育井喷现象。社会上一提到生育二孩，大多数人首先考虑的是"养不起"，似乎是高昂的生育和养育成本阻止了二孩的生育。但同时有一些高龄女性赶紧抓住育龄期的尾巴，冒险生育二孩。对生育政策放开后的这些现象，心理学领域关注得不多，特别是对于"高龄二孩妈妈"的研究更少。国内也有学者从不同的视角对"二孩"的生育意愿或动机进行研究和探讨，如于志远（2017）的"全面二孩政策下生育意愿分析"等，

但多以问卷调查为主,调查对象多聚焦于农村或城镇居民或高校女大学生等。"高龄二孩妈妈"的相关研究则局限于医学护理学和妇产科相关领域,着重产妇风险评估及并发疾病与护理方面,以期提高护理质量和高龄产妇疾病诊断与治疗水平。心理学领域中,"高龄二孩妈妈"的生育动机与心理状态的研究很少。

国际妇产科联盟(Federation International of Gynecology and Obstetrics, FIGO)将分娩时年满35周岁及以上的孕产妇定义为高龄产妇。1970年末至1980年初出生的女性先期经历过计划生育政策,在生育政策放开时,已经跨入了"高龄产妇"的行列。在感叹终于赶上了生育末班车的同时,她们面临着重大抉择:生,还是不生"二孩",这对大家庭和小家庭及个人都是大的挑战。

笔者是1970年出生的一孩妈妈,也是一名医生,日常工作和生活中接触到一些中高收入家庭的高龄二孩妈妈。她们普遍受过高等教育,事业有成,生活条件优渥。虽然可排除社会上普遍顾虑的经济制约因素,不担心养育二孩的经济压力,但人到中年,这些妈妈在精力和体力上均处于劣势(这两年流行的"老母亲"就是她们自嘲式的称谓)。在长子女已经"脱手"的情况下,她们本可以更专注自己的事业或者好好享受人生,但高龄生育却使她们需要冒各种风险(有的甚至需要通过医学辅助技术),同时还要面对个人事业和家庭的冲突,在这么多困难和阻碍面前,到底是什么原因促使"高龄妈妈"做出生育二孩的决策?

"养儿防老"早已不是现代城市女性的生育目的,是为了"给老大做个伴儿","喜欢孩子"等所谓常见理由?还是为了追赶"生育末班车",抑或是为了进一步证明自己?(社会上许多女性,尤其是事业有成的妈妈们很是热衷于被称为"硬核老母""女汉子""铁妈""大哥的大哥")笔者身为一名"高龄"母亲,切身体会到正身处这样的人生节点:孩子大了,终于可以松口气了；摆脱了过去经济实力和梦想的差距、事业和家庭之间的矛盾和冲突；有自己的时间分配到事业和学习上了，也有条件享受人生了……因此，对处在同样人生节点而选择生育"二孩"的妈妈们，敬佩她们的勇气之余，笔者产生了学术的好奇和兴趣，想探索她们真实的生育动机和生育二孩决策过程中的重要影响因素。

为了尽可能深入理解"高龄二孩妈妈"生育动机的复杂性，获取丰富细致的信息，本研究采用生命故事访谈法，同时借助家庭格盘为辅助工具，力图展示"高龄二孩妈妈"生育二孩的心路历程，探索生育行为背后的诸多社会心理因素，以丰富生育动机研究的性别意识理论，并提供女性研究的新视角。

二、文献综述

（一）中高收入家庭

在上海，新社会阶层（私营企业、外资企业的管理人员和技术人员、中介组织从业人员、自由职业人员等）经过前期的打拼和奋斗，其家庭收入和支出远远高于上海市民家庭收入的平均水平。

中国社会科学院发布的《社会蓝皮书：2017年中国社会形势分析与预测》显示，新社会阶层具有高收入、高消费的特征，其中上海的"新社会阶层"家庭收入达到36.91万元。本研究中的中高收入家庭符合上述新社会阶层的高收入、高消费特征，故而在生育二孩时经济因素不是其决策的考虑因素。

上海市统计局2019年3月公布了2018年上海市国民经济运行情况。据抽样调查，全年全市居民人均可支配收入64183元。上海市统计局发布的《2017年上海市国民经济和社会发展统计公报》显示，至2017年末，上海市居民人均住房建筑面积为36.7平方米。

(二) 生育动机

动机是由需要引起的,不同的需要对应不同的动机。人的需求具有层次性,最基本的需要是生理的需要,然后依次是安全的需要、爱的需要、受尊重的需要和自我实现的需要等(梁宁建,2006)。生育动机是动机体系的一种,是由生育需要所引起的行动意向。生育动机兼具上述所有层次的需要,是人的一种复杂的心理状态。从生育环节"生育动机—生育意愿—生育抉择—生育计划—生育行为"中可见,生育动机处于最前端,可以影响到各个后续环节,有学者认为,生育动机在逻辑关系上决定了生育意愿(高光杰,2014)。

1. 生育动机的研究由来

心理学最早研究生育动机的是 Center 和 Blamberg,二人在 1954 年合写的《人类生殖行为和社会心理因素》一文中对人类的生育态度和行为在心理层面进行了分析和评价。Rabin 随之进行分类,分为利他主义、宿命论、自我满足和工具主义四类。1969 年,Blake 等设计出生育动机的心理测量工具,包括 48 个观念性项目和 48 个事实性测量项目,分别按 11 点好坏量度和真假量度评价。

生物繁衍能力包括个体自身的生存能力和生育个体的能力,且这两种能力相互制约(H. Spencer,1850)。因此,处于社会上层的个体由于拥有优越的经济资源及受教育程度,其争取个人幸福与发展的主观愿望更加强烈,生育子女则与之冲突,故生育的愿望也随之降低。法国社会学家杜蒙特认可此观点并进一步提出"社会毛管论"(A. DuMon,1880),认为从个人主义出发,人们的生育行为是由社会文明发展和心理因素共同决定的。当个体发展和生儿育女发生冲突时,生育愿望随之下降。

2. 我国生育动机的相关研究

我国针对生育动机的研究集中在近20年，多采用问卷调查形式，或对既有资料进行再分析。如庄渝霞（2008）对厦门市912位农民工生育动机的研究结果表明：传宗接代者占24.5%、增加家庭乐趣者占19.8%、养儿防老者占18.3%、人生圆满者占12.6%，这些排名前四项，合计达到75.2%，是主要的生育动机选择。刘爱玉（2008）利用2007年全国五城市流动人口的调查数据，对1066位流动人口的生育意愿变迁及其影响的研究结果表明：传宗接代20.0%、养儿防老19.9%、增强夫妻感情16.3%，三项合计达到56.2%。徐映梅（2010）等在2009年对2742名湖北育龄妇女的生育动机的研究中表明家庭和睦32.1%、传宗接代24.6%、喜欢孩子21.7%和养儿防老15.8%，是排名前四项的选择，合计达到94.2%。风笑天（2018）在2018年采用问卷调查，《给孩子一个伴：城市一孩育龄人群的二孩生育动机及其启示》中发现"给孩子一个伴儿"是城市家庭的主要生育动机。

综上所述，可以看出我国传统生育观念的变化特点，尤其近十年来，生育动机正由"养儿防老、养老送终"等过渡到"家庭和睦、利于孩子成长、喜欢孩子、给孩子一个伴儿"等。

（三）性别意识

性别意识是人们对于两性与生俱来差异的基本认知，本质是对女性相较于男性在社会生活各个领域所享有的平等权利的态度。性别意识是衡量社会文明发展程度和女性社会地位的重要标志之一。

1. 西方性别意识的研究由来

在人类文明的历史长河中，女性不平等问题的出现由来已久，女性为争取自身权利的平等和自由一直在奋斗。女性存在的首要目标是做一个理性的人，而理性的实践则是透过妻子与母亲的身份来表达（Mary Wollstonecraft，1792）。女性有追求内在自由的权利，女性的自我成长不是为了做一个称职的妻子或母亲，而是为了自我成长与自我实现（Margaret Fuller，1830）。

女性应有一技之长与经济独立的能力，这样才不会被动地走进婚姻，伴侣式婚姻是理想的婚姻，女性受良好教育才能成为丈夫知识上、精神上的伴侣。男女的权利是相同的，那些特别优秀的特殊女性，应该不受任何阻碍，自由发挥她们的才能，甚至和男性一较长短（John Stuart Mill，1859）。

尽管女人有这样一个"与全体人类一样自由而独立的存在，却发现自己在这世界上为男人所逼迫，不得不采取'他者'（the other）"的身份，但通过存在主义所强调的诚实面对自我与处境，勇敢地作抉择，努力改变处境，女人仍然可以重新定义自己的存在，进而全面参与塑造过去一直由男人所塑造的世界，没有永恒固定的女性气质或女人的宿命（Simone de Beauvoir，1949）。

2. 国内对性别意识的相关研究

改革开放以来，国内的性别意识研究非常活跃。陈煜婷的研究发现：女性的阶层地位对女性的性别意识产生两极化的影响，阶层地位较高的女性性别意识比较传统，但是相比于阶层地位低的女性要更现代一些，阶层地位低的女性性别意识则非常传统。处于社会阶层中间位置的女性，性别意识最为现代。杨琳（2008）在《中国当代女性发展与社会性别意识》一文中，认为社会文化影响男女的性别意识，应将性别意识纳入决策主流。范牡丹（2008）指出父母的态度和性别角色观念对孩子产生潜移默化的影响，父母的性别观念会影响对孩子能力的看法，其又会反作用于孩子，进而阻碍孩子拥有正确的性别角色观念。

李敏智（2013）从平等意识、差异意识、协调意识三个角度对女大学生性别平等意识进行调查，结果表明：当代女大学生的平等意识陷入困惑，女大学生承认与男性存在不同的性别气质和性别角色定位，受社会性别刻板印象较大。女大学生的协调意识有待增强，在家庭与职业领域的选择中存在矛盾心理，多倾向于家庭。邱济芳（2014）认为，不同家庭背景的大学生在社会性别角色态度上存在差异，如父亲是专业技术人员的孩子比其他职业的孩子更具有现代的性别角色态度。窦艳秋（2015）在《浅析高校女大学生的社会性别意识的培养》中指出，女大学生群体虽已成为我国社会重要的人力资源，然而因大学生就业中存在性别歧视及不公平的现象，绝大部分女大学生仍将自己定位为弱者、配角；其次，女大学生的成才意识不强，女大学生的自我认同感弱于男生。

赵一璇（2016）的研究提出女大学生在性别认同方面存在困惑和矛盾心理，但在现实生活中得不到排解与帮助。风笑天（2014）在《中国女性性别角色意识的城乡差异研究》一文中提出，个体受教育年限与性别角色观念成正比，受教育程度越高，其性别角色观念越现代；个人职业经历中，曾有领导经验的女性较其他职业的女性而言，会更加批判传统性别角色意识，她们对现代性别角色意识认同度更高；广泛的社会参与促进女性产生现代的性别角色观念；此外，女性的收入在家庭收入中占比越高，其性别观念就越现代。林宝荣、叶文振在《男女平等意识的性别比较研究》一文中提出了自我评价能力越高的女性，性别平等意识越强。

三、研究方法

（一）研究取样

本研究采用目的性抽样的原则，不同于量化研究强调样本的代表性，质性研究在抽样时关注的是概念的体现，即需抽取能揭示概念之间关系差异的研究对象，最后找到更多的类型，以便建立理论。

1. 入选标准

（1）女性，已育有一孩。

（2）受过高等教育，学历本科或以上。

（3）家庭年收入大于上海市"新社会阶层"收入水平。

（4）生育政策放开后，二孩分娩时年龄达到或超过35周岁。

2. 受访者信息

通过熟人介绍、"滚雪球"的方式，本研究共获得9名符合入选标准的研究对象，由受访者自行选择合适的访谈地点，进行面对面深度访谈，每次60到90分钟，共两次。以代号F开头计数（Famale），分别对应昵称，以生二孩时年龄从大至小排序（讨论和表格中她们的丈夫以代号M开头计数，Male）（见表1）。

表1 受访者基本信息

编号	昵称	年龄/岁	初育年龄/岁	生育二孩	二孩年龄差异/岁	子女性别	职业	教育程度	年收入/万元
F1	艾美	43	32	42	10	男+女	全职	本科	1000+
F2	胜男	41	34	40	6	男+男	医生	博士	80+
F3	睿美	41	24	39	15	女+男	高管	硕士	200+
F4	冷静	41	35	39	4	男+男	药企	博士	100+
F5	小治	41	27	39	12	女+女	教师	硕士	100+
F6	玛丽	41	26	38	12	女+女	高管	硕士	60+
F7	品客	40	28	37	9	男+男	公务员	本科	150
F8	格格	37	33	36	3	女+女	医生	博士	80+
F9	维珍	37	28	35	7	男+男	公务员	硕士	80+

(二) 资料搜集

1. 深度访谈

研究者的问题在访谈过程中主要起到触发作用，会促使受访者愿意谈论。访谈者既要对访谈及其进展方向保持控制，又要给予受访者一定的自由来重新定义研究的主题，从而有利于研究者产生新颖的见解，研究者需要在这两者之间找到适当的平衡。

本研究中，研究者本人需要重点关注的是，作为没有"二孩"的女性，是否能够以真正同理和好奇的态度去探析研究对象，需要与受访者建立和谐关系，对敏感问题、伦理问题开放协商，以确保研究的流畅开展。

2. 辅助工具——家庭格盘

家庭格盘是本研究中借助的重要辅助工具。从受访者首先挑选代表自己的颜色，到摆放自己的位置开始，再到选出家庭成员的"出场"顺序、颜色挑选和位置摆放，成员间的距离和面部朝向，最后完成摆放后家庭成员间的关系得到完整的呈现。很好地补充了受访者未能察觉的真实的情感和相互之间的关系，这种"活现"让受访者明晰个人在家庭中的关系，更好地"看到"自己。

家庭格盘摆放任务导语：这个区域代表您所处的家庭环境，请您先选出合适颜色和大小的人偶代表自己，首先摆好自己，然后挑出您认为最重要的成员，分别用不同颜色、大小、形状的人偶来代表，依次摆放上去。过程中注意摆放成员的相互位置和身体朝向，以及距离和眼睛的方向。全部摆好后再确认，有什么需要移动或变换颜色的，然后想想自己的感受，完成后请告诉我。

3. 文本转录

笔者在每次的访谈结束后，会及时将录音逐句转录成文字稿，从访谈到转录均由笔者独立完成，保证了转录的准确性和一致性。访谈时长总计 1769 分钟，单个受访者总计时长最长 250 分钟，最短 160 分钟，9 位受访者的转录文本共计 146389 字。其中，知情同意部分不计入转入文本字数。由于受访者说话风格不同，受访时长和文本对应字数有差异，详细数据见表 2。

表 2　访谈时间及转录文本字数

受访对象	昵称	第 1 次访谈时间/分钟	转录字数/个	第 2 次访谈时间/分钟	转录字数/个
F1	艾美	94	13109	75	4444
F2	胜男	109	12138	90	5524
F3	睿美	127	12020	102	4746
F4	冷静	103	11100	59	3337
F5	小治	101	10457	80	3363
F6	玛丽	86	12523	90	3565
F7	品客	100	11865	60	4745
F8	格格	120	10124	115	3524
F9	维珍	130	14822	120	4983

4. 资料分析

通过对访谈文本的阅读、分析与诠释，本研究对质性资料的加工层次分为三个等级。

（1）从整体—内容维度

以被访者自我认定的"特殊政策下的一代人"出发，对每一位高龄二孩妈妈的生命故事和成长经历进行归纳性描述、建立生命树。

(2) 从类别—内容维度

从类别—内容维度，对高龄二孩妈妈的生命叙事进行横向比较并做分析性描述，发现生育二孩的生命意义。

(3) "自下而上"的扎根理论分析

通过"自下而上"的扎根理论分析，尝试在高龄二孩妈妈的生命叙事与性别理论之间建立对话，发现现代女性生育动机中的传统性别意识；再返回原始资料"自上而下"地试图诠释其生命叙事，揭示和探索中高收入家庭的高龄二孩妈妈的生育动机以及背后的影响因素。

质性研究的过程是一个不断探索、不断修正的过程。

返回原始资料，诠释生命故事

叙事研究具有呈现真实，理解真实，从真实中发现意义的特点，当研究中遇到理论与现实的碰撞、假设与实际情况的碰撞时，以尊重事实为第一出发点，遵循叙事探究的本质要求，呈现高龄二孩妈妈生育决策中最真实的一面。

(三) 叙事分析

生命叙事分析是质性研究方法之一，其研究内容包括叙事主体自己的生命经历、生活经验、生命体验和生命追求，同时也包含自己对他人的生命经历、生活经验、生命追求和感悟等。

"叙事探究围绕着对讲述者亲身经历的生活经验的兴趣展开。叙事理论家将叙事定义为话语的另一种形式：一种通过塑造或重新组织经验来进行的意义建构，一种理解自身或他人行为的方式，一种把事件和对象组织成为一个有意义的整体，联系并且看到一段时间内行为和事件的结果的方式。叙事探究者强调，通过关注叙事者的生活，我们可以了解一切，包括他的历史、所处的社会以及生活经历。"

生命叙事分析从生命故事中找寻意义，深入解释、理解复杂的现象。而心理学的任务也正在于探索和理解个体的内心世界，要了解人的内在世界，最直接的方法就是听其真实诚恳地诉说关于自己亲身经历的生命故事。由于质性数据是生命故事，因此更加生动。生命叙事体现了叙事主体对他人的信任，生命叙事不是对过去发生事情的简单再现，而是借助所发生的事情，来理解生命，理解自己、他人或社会。

生成性是生命叙事最具有意义的特征。

（四）家庭格盘

家庭格盘（格板）是心理咨询过程中一个有效使用的工具，由德国心理学家 Kurt Ludewig 于 1978 年发明，并由德国家庭治疗领域的专家于 2014 年带入中国，在第六期中德家庭治疗师连续培训项目中首次使用，受到心理咨询工作者和来访者的广泛好评，是心理工作实践中很好的"外化"工具。

传统的格盘由 25 个木质人偶和一块 35 厘米 ×35 厘米大小的正方形双拼木板组成。其中，7 个约 7 厘米高的较大人偶带有颜色，分别为红、橙、蓝、绿、灰、黑、白，其余的都是原木色。小的人偶约 5 厘米高。现在国内家庭治疗领域已将格板的数量和颜色都进行了扩增，使用上更加丰富和方便。

在咨询中，家庭格盘使用方法如下：咨询师先对来访者介绍家庭格盘的使用方法，随后由来访者进行摆放；咨询师观察来访者摆放的顺序、距离的远近，人偶大小、颜色的选择，以及摆放过程中来访者的情绪、表情等非言语信息的变化；摆放完成后，由来访者诠释和表达对自己的格盘布局以及摆放的感受，咨询师不评价、不干扰，必要时可进行澄清式提问或给予一些建议。例如，询问来访者人偶头像朝向、视线焦点，或是提醒来访者从不同的角度观察家庭状态。虽然家庭格盘对咨询和治疗大有裨益,但是由于引入国内时间不长,相关文献较少。

本研究使用家庭格盘作为辅助工具,目的是通过格盘中人偶的选择和摆放,直观快捷地勾勒出家庭中人物的大致特点、关系的远近亲疏,"呈现"后聆听受访者自己的诠释。从受访者的诠释中可以"看到"受访者家庭的画卷,受访者对自己及个人与家庭、原生家庭的关系也会通过格盘的外化作用得到直观的整体"俯瞰",达到关系层面潜意识的意识化,可以帮助探析本文的研究目的。

四、结果与讨论

通过对9位"高龄二孩妈妈"生命故事的反复阅读,结合生命阶段概览,对浮现出的主题"自下而上"地逐个分析、梳理与汇总,发现:作为特殊政策下成长的一代人,受访者的成长经历和原生家庭的影响及时代背景,使受访者虽接受过高等教育,但仍带有较深刻的传统性别意识。

分析女性性别意识与二孩生育动机和决策之间的关系"自上而下"地解释中高收入家庭中的现象:女性克服高龄、身体条件的限制以及事业、长子女教育、老人年迈等冲突和困扰,最终在"维护婚姻的稳固、多子女观念、女性肯定以家庭为主"等传统性别意识的主导下,主动或被动选择了生育二孩。

在认知科学中,图式被定义为对事物或事件意义的相对稳定和抽象的表达(Dimaggio, 1997; Mandler, 1984)。模式可以表示概念(例如,家庭的概念)。模式在神经网络中相互连接,反映我们经验中的相互依赖关系。模式一旦建立在神经网络中,来自环境或我们自己思考的线索可以触发图式的激活,可能但不一定是在有意识的水平上(Strauss & Quinn, 1997; Damasio, 2010)。中国传统的"性别意识"已经有几千年的文化历史根基,这就是为什么一说到传统性别意识，我们脑海里就自动出现了"男大当婚、女大当嫁，男主外、女主内"等意象的原因。

（一）传统的女性性别意识深刻影响"高龄二孩妈妈"的生育动机和决策

根据班杜拉的交互决定论，行为、个体和环境实际上是相互连接、相互作用的，个体既不是完全受环境控制的被动反应者，也不是可以为所欲为和完全自由的，个体和环境交互决定行为（Bandura，1977）。Bachrach 和 Morgan 在班杜拉的认知模型基础上，于 2013 年制作了生育意愿的认知—社会模型。该模型表明，当女性所处的环境使生育问题变得足够突出和紧迫，从而获得制定有意识计划所需的认知资源时，她们就会形成"真正的"意图（Bachrach & Morgan，2013）。

1. 成长经历和环境深刻影响了高龄二孩妈妈传统性别意识的形成

相似的成长轨迹

9 位"高龄二孩妈妈"均来自城市知识分子和干部家庭，也是当年计划生育政策实际限制最严格的对象，都是独生女。由于当时的贫富差距并不显著，她们的成长环境和家庭条件差别较小。因此她们的成长轨迹有较多相似之处（见表3）。

表3　9位受访者相似的成长轨迹

序号及昵称	童年和青少年阶段（父母重视学习，并决定专业方向）	离家阶段（父母意愿并提供帮助）	组建家庭阶段（自然而然）
F1 艾美	我觉得爸把我当男孩的，什么都要好	我开始还是公务员呢，我爸给我找的	女人结婚有孩子才是正常的生活，理想的是一儿一女

（续表）

序号及昵称	童年和青少年阶段（父母重视学习，并决定专业方向）	离家阶段（父母意愿并提供帮助）	组建家庭阶段（自然而然）
F2 胜男	我学习一直都不错，我妈很严	家里人都觉得医生好	不结婚怎么生活，也没个孩子，老了怎么办
F3 睿美	不是父亲想要的男孩，学习就要好啊	我的工作和学习都让我爸觉得挺有面子的	婚总是要结的
F4 冷静	父母学习抓得还是很紧的	我爸妈都觉得女孩子学医挺好的啊	很自然，毕业就结婚啊
F5 小治	我小时候怕我妈，我妈管我学习很严的	我从小一直算是个乖乖女吧，包括小学、初中、高中、考学什么的，按照父母的意思做就好了	女孩儿到年龄了，肯定要结婚的
F6 玛丽	我从小身体不好，爸妈都还挺宠我的	父母觉得这个专业挺好，不累，上升空间也挺好的	婚姻稳固幸福，长治久安必须要有孩子
F7 品客	我爸太忙，我主要是我妈管，生活、学习	我从上学到后边一路基本都是家里人安排好的	
F8 格格	我爸妈都忙，但学习肯定是要抓的	基本都听家里人的。自己也没什么反对不反对的	结了婚生孩子很自然啊，没想那么多
F9 维珍	独生女，也没什么朋友，除了学习	我初中毕业就上了中专，是父亲决定的	有孩子的家庭才像家庭的样子啊

童年和青少年阶段（父母重视学习，并决定大学的专业方向）：

父母都有工作，且忙于工作，学龄前大多与老人一起生活。但入学后，与父母生活，且父母对独生子女学习的重视程度普遍一致，在督促和重点关注下成长。正如小治所言:"我小时候怕我妈,我妈管我学习管得很严的。"玛丽:"小时候家里所有的资源都是我独享的,也没有人竞争。中学的时候,感受到了学习的压力,也感觉到人生有了压力,开始有了不快乐。"

虽然都提到了孤单、学习压力,但因为大环境如此,周围人都是这样,因此并不觉得很特别。对于考大学和专业选择,大多是父母做主,自己被动接受,和周围的同学相差不大。

小治:我从小一直算是个乖乖女吧,从小很听爸爸妈妈话,包括小学、初中、高中、考学什么的,按照父母的意思做就好了。

格格:那时候小啊,也基本都听家里人的。家里人觉得女孩子学医比较合适,今后对家里人也有帮助。……中学学习成绩不错,考大学也比较顺利,当时父母觉得女孩子学医也很好。自己也没什么反对不反对的,考上了就上嘛。格格认为现在看来也挺好的,虽然方向是父亲定的。

维珍:我初中毕业就上了中专,其实当时也是全市中考第三名,上高中是绰绰有余的,但是是父亲决定的。

同样,品客:我从上学到后边一路基本都是家里人安排好的,我15岁离开家后爸爸才调回来工作的。

工作阶段(就业顺利,父母意愿甚至帮忙安排):

由于都是本科毕业,并且大多接着读研,当时就业并不困难,因此毕业后工作多比较顺利。比如格格:我的学习经历让我有医生这么一份工作,有一定的社会地位,收入也不错,父母选的专业也挺好的。

再如小治:女孩子当个高校的老师,在我父母看来是最好的选择。当然现在看也没觉得有什么不好,觉得也还比较适合自己。

玛丽的工作也是父亲安排的:父母觉得这个专业挺好,不累,上升空间也挺好的。

虽然其中有人有过专业变动,但基本都有满意的职业,比如维珍:我已经换了三次岗位了,现在换到这里感觉比较适合,所以挺满意的。

艾美对以前的工作也非常满意,现在的全职太太也是自己的主动选择:爸爸安排的工作在老家当公务员,也不错,结婚后来上海和老公一起创业。

结婚生子阶段(顺利,自然而然):

对结婚生子的态度高度一致,长子女的出生属于顺其自然,自然而然的过程。比如玛丽说:女性生儿育女,我现在的看法是,婚姻稳固幸福、长治久安必须要有孩子,到什么年龄做什么事,毕业工作了自然就是结婚啊。

胜男:我同学都四十了,到现在也没找,家里人都愁死了,估计也就一个人过了,今后怎么生活,也没个孩子,老了怎么办。

格格认为这还用问吗:"结了婚生孩子很自然啊,没想那么多。""我女儿我不要她学习太好,学成博士有什么用,嫁都嫁不掉,学得再好嫁不掉也白搭。"

艾美:女人结了婚有孩子才是正常的生活,并且一个孩子肯定太少,理想的是一儿一女。

小治:女孩儿到年龄了,肯定要结婚的,并且我从上学的时候就想到以后要找什么样的老公了,很传统吧?

维珍表示受妈妈影响大:结婚生子在我看来是很正常的,有孩子的家庭才像家庭的样子啊。

受访者从小受到父母的重点关注,并且注重学习,因此都接受了良好的高等教育。每个阶段的"自然而然"顺延过渡到女性结婚生子也是"顺其自然"。

传统的原生家庭

20世纪80年代,正逢我国改革开放初期和计划生育政策施行严格的时代。受访者的父母则生于多子多福时代,"三口之家"仍在大家庭的背景框架下(亲戚多)。在这种大的时代背景下,受访者的家庭分工特点是爸爸忙于工作，妈妈兼顾家庭和工作，因此普遍沿袭的是"男主外、女主内"的传统家庭模式，安全型的依恋关系。

品客：从小对爸爸的印象是模糊的，因为不常在家，一年基本上就是九个月都不在家，我是妈妈一手带的。不过奶奶和外婆家人多，我好几个姨妈和舅舅。我爸肯定是经济主要来源，我觉得就应该男主外女主内，我爸妈那种模式就很好。

艾美：爸爸在外面上班，我小时候是妈妈和奶奶带的，爷爷去世早，爸爸算单亲家庭，他从小就很压抑。

玛丽：我5岁的时候，父母结束两地分居的生活，才真正地和爸爸妈妈在一起生活，假期都是跟外婆和表姐妹一起生活。我爸很宠我，但他实在是太忙了。

格格：我小时候虽然都是跟我爸妈生活的，但不是老人带的，我爸妈都忙，但爸爸更忙，都是找的阿姨带的我，放假就到姥姥家疯玩儿，一大家子。

冷静：那时候都很忙的，我是姥姥带大的，七大姑八大姨的特别多，带到上小学，但我爸对我的影响更多些。

睿美：我爸在外地工作，非常忙，没人管，我妈情绪比较狂躁，她甲状腺不行，所以我们一直都跟外婆关系超好。

由上可见，在生命历程的早期，在结婚和为人父母之前，女性的生育预期与家庭背景、对家庭和未来自我的认知形象有关（Bachrach & Morgan, 2013）。

受访者在特殊的时代背景下，有大家庭背景的父母和三口之家形成了鲜明的对比。成长过程顺利，多属"被安排"。有的是和奶奶或姥姥一起生活，有的是妈妈带，所以，童年父系角色的相对缺失，母亲对家庭事务的具体操持，体验过"过年可热闹了，七大姑八大姨的"大家庭的模式，是受访者对传统家庭规模的记忆和对"男主外、女主内"的男女分工特点认可的心理基础。

改革开放几十年来,中国的传统文化、传统的性别角色恰恰是由中高收入的中产阶级最好地传承了下来。反之,经历生产生活方式巨变的农村女性缺乏继承传统文化的时空条件。

2. 高龄妈妈"二孩"生育的心路历程

(1)一开始的"否定"

在"二孩"政策出台前后,这9个家庭对此就开始了讨论。"年龄?从头来一遍?老大的教育和青春期?谁来带?产后的风险?"等劣势是一些高龄妈妈对生育二孩一开始持否定态度的理由,过了生孩子的最佳年龄使受访者最初对生二孩持犹豫态度。

品客:老公刚跟我说二胎这个事儿的时候,还没有政策的影儿呢,我第一反应就是不可能,我的身体我知道的,再说想移民到澳洲,就更觉得可怕。

小冶:从二孩政策刚开始有"风声"时,我老公就跟我天天说,说实在的,那时候我没觉得跟自己有多大关系,多大岁数了!刚过上好日子!后来就是吵架,吵了两年多。

玛丽:我和爱人都是公职人员,其实老大生完我就可以要二胎的,因为我们都是独生子女,是符合政策的,况且老大也没用我们操心。我当时正是事业上升期,领导重视,重点培养,所以大家都心照不宣,谁也没提。

胜男:二胎政策出来,当时主要是考虑年龄吧,还有老大太不省心,然后就想算了。

艾美:以前老开玩笑说再要个女儿,后来怀过,还抽血查了不是女孩儿就没要。后来老大上学累得要命,再说都40多岁了,不想了,那时候夫妻也在磨合期,婆媳关系也很差。

(2)"从犹豫到认可"

品客:后来我们周围二胎的渐渐多起来了,看着也挺好的,但我对自己的身体其实是没信心的，所以真的是很犹豫的。你算吧，从老大六七岁就开始了，前后这件事情最起码有3年。我老公那几年对二胎的事情特别执着，他会给你洗脑，反正这么多年大事都是他做主的，不过事后看看分析的都很有道理。

小治：我那时候瞒着老公投资了个小服装店儿，赔钱了，被他知道了，自己理亏，吵架也不占理，就想着，算了算了，那就要二胎吧，反正是不能离婚的。

玛丽：二胎政策一出来，周围的人生二胎的多了，单位的事情也理顺了，我也没啥理由了，加上老公开始起劲了，左说右说的。我也知道二胎是躲不掉的。

胜男：到了澳洲，估计是心情放松了，第一个月就发现怀上了，老公说是天意，我当时是真拿不定主意的，还有工作，实在是没有精力生孩子。后来问了家人、朋友，最后还是决定生下来，事业没尽头的。

艾美：我真没想到年龄大了怀孕这么痛苦，我一点都不夸张，真的是生不如死，早孕那段时间我真的不想要了，但老公说她是来投奔我的，让我一下子就没话说了。

放开二孩生育的政策首先得到了中高收入家庭中丈夫的欢迎和响应。生育二孩其实最主要是以丈夫意愿为主，高龄二孩妈妈更多的是听从了丈夫的主观意愿和建议。

(3) 怀上二孩的"幸福"

品客：跟我父母谈过以后，后来就试着没避孕，没想到第三个月就怀上了。我一直觉得，怀孕时是最幸福的，第一次也是，女皇的感觉。当然，除了饮食控制和要瞒着单位以外（笑）。

玛丽：怀孕不到5个月的时候我就知道性别了，后来也就坦然了，生男生女又不是我一个人的原因，我这么大年龄，能怀上就不错了。

胜男：反正打定了主意，剩下的就好办了，每天该干嘛干嘛，反应也不大，反正老人和老大都在身边，工作伙伴们都挺佩服我的。后来我老公他们家人也都知道了，都觉得我简直是太神了，所以辛苦是辛苦，还挺幸福的。

格格：我是意外怀孕的，那天还喝酒了，正好婆婆带着老大回老家了，又到了二人世界，跟同学出去吃饭还挺开心的，没想到就怀上了，那就没什么好考虑的了呗，心里就觉得一下子踏实了，怀都怀了。

艾美：怀小公主的时候，反应是很大，但全家的感觉特别好，都很期待她的到来，老公和我儿子那时候每天和我的肚子说话。

小冶：怀二胎还真挺好的，感觉各方面都是巅峰期，这是我没想到的，人也变漂亮了。

这一阶段的女性，多感受得到了全家的重视。由此可见家庭在女性心中的权重，满足了丈夫的愿望，自己也有成功的幸福，她们体验和重温着即将再为人母的感觉，坦然而平静。

（4）生了二孩之后的"幸福、沮丧、疲惫和绝望"

高龄二孩妈妈生育二孩后的复杂的心理体验：

品客：老大现在是青春期，一想到老大，就心里堵得慌，有时候觉得完了，他离我们越来越远了，但二宝还小，又顾不上他，所以那种感觉真的太难受了。还是二宝可爱。

玛丽：老大是我爸妈一手带大的，太多坏习惯，尤其是学习，谁说都没用，但没用我也得每天盯她。有时候吧，又特别内疚，就感觉自己是在通过二宝表达对老大的愧疚。我现在是全家的轴心，就是熬日子。

胜男：两个孩子确实是看着太幸福，但回国后，面对老大的幼升小，我真的觉得撑不下去了，报了各种补习，他就是魂儿不在，你一点儿办法都没有。单位又是各种事情，身体也不像从前，老觉得力不从心，不能想，太糟心了，我也就是挺着，真怕哪天挺不住了。

格格：看着二宝发嗲，真的很幸福。但我有时候看着脖子上的褶儿，真想一刀抹了去，这变化真的是太大了，看着特别难受。

艾美：我觉得这个年龄生完孩子，身体就像撒了气的气球，松松垮垮的，太丑了，就是痛并快乐吧。

小治：孩子还是小的时候可爱，老大现在就是我的最大痛苦，我们矛盾很尖锐，现在的女孩儿怎么会这样？为了手机我们经常吵架，动不动就威胁我，受不了了，实在是没办法了。

睿美：年龄大生孩子真的是噩梦，我本来一直要美到50岁的，现在看着镜子，真想到韩国去整一整。有二宝了，时间上也是硬伤，肯定以二宝为主，但有时候真是分身乏术。

维珍：老大就不说了，真的是到了烦心的时候了。我妈和我婆婆闹翻了，太抓狂了。现在两边都回去了，我和阿姨带。

由上可见，在"二孩"生育问题上，高龄二孩妈妈的心理变化和权衡的重点是丈夫与家庭。艾美刚刚发现怀孕就去抽血检查，虽然是梦寐以求的女孩儿，但由于高龄且反应很大，几次对老公说过不想要了，其实更多的是想获得来自老公的支持；小治与爱人之间两年多的"博弈"结果是"算了算了，还是要二胎吧，反正是不能离婚的"。访谈发现，很少有女性会在描述怀孕时自发地使用"有意的""计划的"和"想要的"等术语，在这种情况下，很多人会认为这些术语很尴尬或毫无意义，而且，如果被逼无奈，往往会赋予它们不同的含义（Barrett &Wellings，2002；Borrero，2015；Fischer，1999）。

表4　9位高龄二孩妈妈的成长经历与二孩的心路历程

序号	昵称	成长经历的整合	对家庭的期待	二孩心路历程	对自身发展的态度
F1	艾美	渴望离开家的童年	对儿女双全的家庭充满期望	否定—期待—犹豫—接受—幸福	把家庭搞好也是事业

(续表)

序号	昵称	成长经历的整合	对家庭的期待	二孩心路历程	对自身发展的态度
F2	胜男	按父母要求做榜样	担忧,"指望不上"的丈夫	期待—否定—接受—疲惫	家庭为主、事业也要
F3	睿美	不是父母期待的男孩	希望这次婚姻能长久	肯定—接受—后悔（婚姻）	血亲最重要
F4	冷静	平淡,遵从父母期待	期待和睦,不要像父母的婚姻	犹豫—接受—幸福—疲惫有时绝望	事业很重要,但如果冲突,支持丈夫
F5	小治	按父母期待考学	期待稳定和睦,绝不能离婚	否定—犹豫—屈从—幸福	辞职也是为了家庭
F6	玛丽	无忧无虑,一帆风顺	担忧,夫妻两地全靠自己	否定—接受—适应疲惫	事业不一定大,但要有
F7	品客	无忧无虑,父母安排	时常迷惘,但期待和睦,像父母的婚姻很好	否定—犹豫—否定—接受—幸福又无奈	女人最重要的还是家庭
F8	格格	"阿姨"带大的快乐童年	担忧丈夫的身体,承担家庭的责任其实太重	期待—失落—幸福而又不安	女人有事业不太现实
F9	维珍	优越的物质条件,不快乐的成长经历	困惑,以后不要爱丈夫那么多	期待—幸福—失落	肯定以家庭为主

3. "二孩"承载着传统家庭的多重期望——稳固婚姻、美化家庭、成就父母

（1）"二孩"是婚姻的"加固剂"

小治认为家庭就是要以女性为主,但关键还是经济,经济达到一定条件是女性回归家庭的最好时机,但这一切的前提还是要有孩子:当然啦,没有孩子

回归家庭干嘛？总是要有理由的，孩子就是最好的理由。小治的家庭目前以"二孩"为中心，二孩确实对婚姻起到了"加固"作用。原本以离婚要挟的丈夫，因小治顺利怀上二孩，家庭氛围重回温馨、和睦。我们家大事小事全是我，从买房子到装修再到保险，孩子教育……爸爸只负责赚钱养家就行了。两个孩子啊，都是他的，还怎么可能提离婚。

艾美和丈夫对婚姻中孩子的巨大作用都很认可。不然夫妻以什么做动力呢？我们老大从幼儿园到上学，都是爸爸跑的，都是大事儿啊，为了孩子，大家就都不会有多余的心思了。

一见钟情或相亲介绍开始，到双方性格尤其是婆媳关系，婚姻历经了漫长的磨合期。其中，"为了孩子"是最主要的理由，一起想着"再有个小公主/小儿子就好了"是夫妻最一致的时候。也许在西方生育可以与婚姻分离，但今天的中国婚姻仍然与生育紧密联系在一起。西方可以不需要结婚而有孩子，但中国的婚姻应该有孩子（Rackin & Gibsondavis，2012）。

（2）"三口之家"不是最完美

玛丽脑海中浮现的最幸福的画面是：我们四口人开车出去郊游，我和老公坐在前面，两个孩子坐在后面打打闹闹，那时候的感觉真的是幸福，无以伦比。玛丽信奉的是子宫在女人身上、女人生孩子顺理成章、女人有孩子生命才能完美。唉，累是真累，但一家三口人还真就没这个感觉了，两个孩子虽然年龄差距有点大，但只要出去，姐姐还是很照顾妹妹的。

天天盼着满30年可以退休的品客：我现在就是这个原则，单位就是混混吧，每天下午想各种办法尽量早点溜，接二宝去。品客具有很强的传统家庭和性别意识，其家庭格盘全家都是粉色的，也呼应了她说的"对未来始终迷惘着"。我们现在一家出去浩浩荡荡的，大的小的老的都带着，大的大了，小的还很小，哥哥照顾弟弟，看着感觉还是挺好的。

维珍，最近调到了系统里众所周知最轻松的部门：这里最轻松了，好混，我一来就瞄好了这个位置，现在前任终于退休了。孩子学习上、文字的事情都可以放到单位做。我们四口人出去旅行特别好，能看出来别人的羡慕，我从小独生子女寂寞惯了，就喜欢看着他们哥俩一起玩儿。

有大规模大家庭体验的女性拥有更大的理想家庭规模和完整的家庭规模偏好（Johnson & Freymeyer，1989；Anderton et al.，1987；Axinn et al.，1994；Duncan et al.，1965；Hendershot，1969）；这种偏好是在个体成长的社会环境中，特别是那些与家庭有关的社会环境的经历中发展起来的（Rackin & Gibsondavis，2012）。这9位二孩妈妈的父母辈都生活在计划生育前多子女的传统中国家庭，这9位也都体验过爷爷奶奶或外公外婆的大家子的热热闹闹。因此，1980年前后出生的高龄二孩妈妈以及她们丈夫的最显著特点是：自己虽是独生子女，但亲戚特别多。

（3）有二孩后才感觉真正做了父母

玛丽生完老大后甚至还过了几年"二人世界"，老大由老人一手带大。我生老大的时候其实就是不成熟的，生完老大自己还不到30岁，夫妻双方对老大的关注度都太少。老大甩给老人带以后，听到别人说什么，我们就布置，布置完了全都老人去实施。我其实直到二宝出生，才算真正认真承担起母亲的责任和义务，尤其有了老二，心里越发觉得对不起老大。同时，随着父母年龄的增大，也感到自己责任的沉重，反省以前的不负责任。老二一定不能走老大的路。我现在陪老二的时间还是蛮多的。

格格的长女也是由公公婆婆一手带大，还经常带回老家，所以老大对夫妻的工作和生活基本没有任何影响，当然也没有真正做父母的感觉：老大不要我的，要奶奶啊，跟奶奶最亲，没办法，真的是谁带跟谁亲。还是二宝跟我最好，所以我中午也要赶回去喂个奶再赶回单位接着上班。

维珍这样评价她和丈夫：其实不带老大，也不能全怪我们，那时候也是插不上手，我们做什么我妈都不满意，觉得我们添乱。

父母的大家庭背景成就了高龄二孩妈妈头脑中的印记，对父母的依赖也是核心家庭与大家庭的分化程度较低的原因之一。第一个孩子的成长过程中老人的角色替代、没有真正承担为人父母责任的"缺憾"，因生育二孩有了一定程度的补偿。父母辈的生活场景对子代的家庭规模观念烙下了深刻的印记，扩大了他们对结构性影响的看法，包括那些塑造为人父母的意义和价值的因素（Heather M. Rackin1 & Christine A. Bachrach，2016；见图 1 家庭格盘，仅以玛丽和睿美为例）。

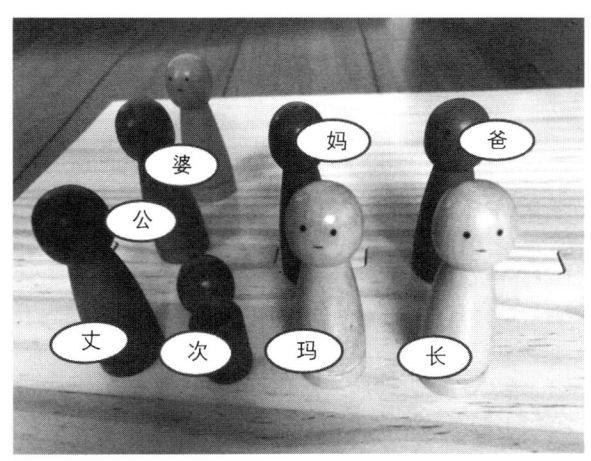

图 1　玛丽摆放的家庭格盘

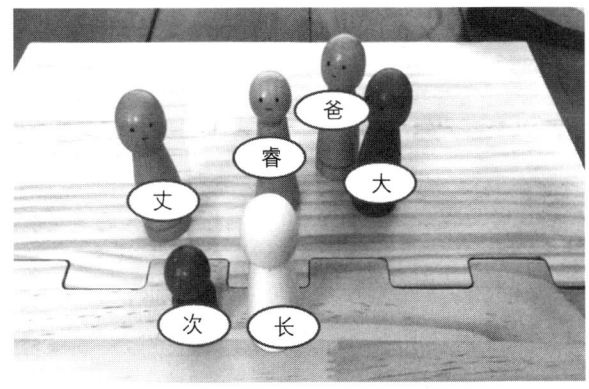

图 2　睿美摆放的家庭格盘

表5　9位高龄二孩妈妈的家庭格盘信息一览表

序号	昵称	摆放顺序和位置 （按指令先摆放受访者本人）	受访者的解读与诠释
F1	艾美	先摆放了两个孩子，最后是丈夫放在身后。自己在孩子和丈夫中间，没有摆放老人	没有孩子，婚姻还有什么意义？我就是在孩子和丈夫之间起缓冲作用的，就像是水壶，把水调节成合适的温度再递给孩子
F2	胜男	在自己身边先摆放了两个孩子，然后是丈夫，最后是婆婆，紧贴在两个孩子后面。全家看向前方，自己站在一侧，既向前看又偏向孩子	我婆婆是给我们家立大功了，要是我公公在，她不会这么累，两个孙子，没办法。爸爸肯定没我操的心多，二宝跟大宝不可能一样。距离嘛，就得这么近
F3	睿美	先摆放了两个孩子，然后是父母在身后，最后丈夫摆放身旁。丈夫只看向"自己的"孩子，睿美在中间，面对前方和孩子。	血亲是最重要的，我爸妈肯定在我后边，你看，他肯定是看向儿子的。我女儿嘛，我从来不批评，全部都是表扬
F4	冷静	先摆放了两个孩子，顺次是阿姨、姑奶奶，最后是双方老人。自己站在中间，是核心家庭的"主角"，丈夫在旁边看向自己	我们家吧，我觉得还挺有序的，你看，双方老人其实都挺远的，反而是姑奶奶和阿姨替我们打理，我觉得我肯定是主角喽，七七八八的事情女主人当然很重要
F5	小治	先摆放了两个孩子，然后是丈夫和父母。自己在丈夫和爸爸之间，全家以二宝为中心围成一圈	全家现在都以二宝为中心，她小嘛，但跟我最亲，姐姐也不太跟她玩儿，爸爸每天比原来回家积极多了
F6	玛丽	先摆放了两个孩子在自己左右，都看向前方，然后是丈夫，在旁边看着三人。老人都在后排，距离近	我们家老人的后援团作用太强大了，我觉得我就是带了仨孩子，丈夫有时候像老大，我就像我外婆一样。一大家子像围着一棵大树
F7	品客	给全家都选择了粉色。先摆放了两个孩子，然后是丈夫，自己面对所有家庭成员	我就喜欢粉色，全家都紧紧地拥在一起，这种感觉特别好，看着就开心。不过二宝肯定不能走大宝的老路，他俩不一样

(续表)

序号	昵称	摆放顺序和位置（按指令先摆放受访者本人）	受访者的解读与诠释
F8	格格	先摆放了两个孩子,顺次是公婆,最后是父母在最远处。丈夫在左侧看着孩子和自己,公公婆婆在自己右侧	我爸妈离得远远的,我都恨不能把他们放到木板外边儿去,你说他们自私吧。我们二宝跟我还是很亲的,大宝肯定跟奶奶亲喽
F9	维珍	先摆放了两个孩子,自己站在对侧,面对着核心家庭。给妈妈选的红色,婆婆是黑色,婆婆在最远处,看着丈夫。自己与孩子和丈夫三人等距	我婆婆肯定是黑色的,离得远但肯定是死死地盯着我们。我要看着我的两个儿子,我妈跟我婆婆水火不容

(二) 中高收入家庭普遍存在"攀比"心理

中高收入家庭在生育二孩的决策中,"攀比"心理是重要的促发动机,自觉或不自觉地要符合"中产阶层生活标准"的从众和攀比心理和行为,在生育动机和决策中起重要作用。

1. "攀比"概念

《现代汉语词典》中"攀比"解释为"援引事例比附"。攀比心理:本是消费心理的一种,指脱离自己实际收入水平而盲目攀高的消费心理。攀比心理伴随个体的成长过程,包括负性和正性攀比两方面,即消极盲目的和积极合理的。

本研究中的"攀比"心理和行为重点突出其竞争性的"比",因为"比较"在生活中无处不在。人们如果不能通过直接、有形的标准来进行自我评价,个体就会选择他人作为比较的对象(Festinger, 1954)。

2. 二孩是中高收入家庭的标配

两三个孩子 ——"中产阶级家庭画面"的必要配置。

在中国今天的一般（不包括金字塔尖的富豪）成功人士，必然是中高收入以上的家庭，是最有条件勾画"中产阶级家庭画面"的：重视生活质量和品质、拥有较多奢侈品、住房宽敞舒适、有私家车出行、雇有家政人员承担家务、常规的假日国内外旅行、多种理财保险、子女幼儿园和学校多为民办或国际性质、多种课外兴趣班等教育和培养方式，最关键的是要有两到三个孩子。

通过对 9 位高龄二孩妈妈的深度访谈，对上海这样特大城市的中高收入家庭的生活方式有了大致轮廓：

品客刚从每年两次的常规国外游回来：今年是几个家庭在西班牙、葡萄牙转了一圈儿，主要是带孩子们看看，感受一下。大宝感受艺术，小宝开开眼界。大家都是清一色的两三个孩子，爸爸和儿子都是休闲西装加礼帽那种，我们也不能差太多吧。

玛丽：我们逻辑思维班有一个妈妈，全职太太，三个儿子，妈妈都看不出年龄的，人家老大都上美高了，俩小的一个 5 岁，一个 4 岁，爸爸是那种上海的浙商，厉害。

艾美：我们小区，年轻人不太多，因为是别墅区，很多都是一看就是中年夫妻的，小的还在推车里，老大，夸张的都上大学了，就算小点儿的，也初中了。

胜男：我们学架子鼓的同学，每周日都是哥哥送过来，哥哥上大学了。妈妈来过，看上去年龄起码 50 岁了，气质超好。

睿美：我们全家出去旅行，肯定是商务舱和五星酒店啊，但我从来不发什么朋友圈，受不了那些天天各种晒的，太 low。

品客：我老公开玩笑说，咱们家出去也挺唬人的，住着别墅，一辆宝马一辆奔驰，家里两个阿姨，俩孩子一个私立学校、一个国际幼儿园。

虽是玩笑话，但寥寥几句可以勾画出一线城市中的中高收入人群的大致生活和消费标准，以及中高收入家庭之间的攀比心理。从衣食住行到子女教育，目前中高收入家庭已暗中形成一种约定俗成的标准或模式。

3. 子女的教育方式是中高收入家庭的关注重点

"私教、名校、很牛的补习机构"等，是中高收入家庭对子女教育质量的要求。正如社会心理学家阿伦森所言：属于"同类的"他人对人们的从众心理和行为影响更大。

玛丽的观点正好反映了这个含义：人家报的什么辅导班我们都报，人家怎么弄，我们就怎么弄吧，不行就送出去读吧。不是都流行出去吗，后来又看到很多反面的例子，国内读不好，国外更不行，再看看吧。

再如格格，大女儿今年上幼儿园，可以就读对口的幼儿园，但看到同事、同学、闺蜜的孩子都进了国际幼儿园：我觉得特别对不起我们家老大，如果让老大去那个对口的幼儿园，我们做父母做的是失败的、不合格的。攀比之下，格格觉得对口的公办幼儿园不能去了。

小治：我们大学的孩子真的没有几个差的，真的是从小就优秀，一路名校，我们达不到那个 Level，最起码也不能太差吧。

玛丽：大闺女学校的家长真夸张，学校操场的电子显示屏全包，还有的过生日，结束后回送一家一套迪士尼套票。你说，孩子能不比吗。

格格：反正对孩子，虽然表面上说大多数孩子都是很平凡的，但你心里还是会比的，最起码和同事同学什么的，不可能不比。一旦发现结果和预期不一样，就会焦虑。

品客：现在就是信息呀，信息最重要，朋友圈要经常刷，补习班陪读的时候，家长要聊，很多信息是聊出来的。

关于子女教育，"不能输在起跑线上"是中高收入家庭的焦虑起点。择校，不光在中国，国外的中产阶级为子女的教育择校也是倍感焦虑。人们所选择的学校类型，以及他们的选择在多大程度上得以实现，对任何一种择校机制的结果都有着根本性的影响（Benson, Bridge & Wilson, 2014）。

4. "隔代亲"的年龄当父母才是真正的"成功人士"

品客生第一个孩子之前，因妇科问题，一度被认为生育困难。计划生育政策放开前，丈夫提到要二孩的时候，品客虽然一方面对自己没信心，但另一方面因为有了老大，不再相信自己生育困难。当顺利怀上二孩时，品客的丈夫在圈子里大有"扬眉吐气"的感觉。圈子里经常说的："万事俱备的时候你生得出孩子，那种感觉才叫人生大赢家。"

艾美：我老公本来就有点少白头，去幼儿园经常被人称为爷爷或者外公，开始他很介意，有那么夸张吗？但听说隔代亲的年龄还能做爸爸才是真正的成功人士，他"顿觉舒服多了"。他现在已经完全不染头发了，还说头发白不可怕，只要数量不少就行。

格格：现在，回头率高的根本不是那些年轻的爸爸妈妈，而是一看就是人到中年，隔代亲那样年龄的，那种爸爸，一看就是事业有成，不差钱儿。我们这样的还稍微差点儿火候。

在二孩生育上，尤其是同类有现实可比性的人群，如：同事、朋友、同学家长、闺蜜等，人们的从众、参照和攀比，更深刻更广泛。

（三）高龄生育二孩，大大缓解了中高收入男性的"中年危机"

1. 中年危机

中年危机被描述为自我的密集转型过程，包括对时间视角的重新解读、对生命价值和目标的重估、将死亡作为未来个人事件的对抗，以及对生命后半段的计划。个人意义涉及过去、现在和未来的一个自我对抗的方法（Hubert J. M & Hermans. 1999）。埃利克森（Erikson）认为生产力停滞是造成中年期发展危机的主因；中年期普遍危机的表现形式是事业问题、婚姻困境和在"自我完善"方面广泛而又零散的尝试。

中年危机，又称"灰色中年"，一般发生在39—50岁，而40—65岁之间的男性又被称为"四十综合征"。从广义上来讲，是指这个人生阶段可能经历的事业、健康、家庭婚姻等各种关卡和危机。近些年，各大媒体、新闻中常见"英年早逝""过劳死"的各界人才和精英，引发人们的关注和各项研究。形成中年危机的原因包括面临工作改变或停滞、关心死亡、自信心减弱、性别角色改变、接受自我不良的特质、亲子关系改变、世代观念差距、外表失去魅力、亲密需求增加、婚姻关系改变及寻求未来生活目标。此时期的中年男性会对自己的生活、价值观、目标和能力产生质疑（Levinson，1978）。

35岁左右时个体会面临生涯转换带来的中年危机（Jacques，1960）。在40岁时，个体的生活模式会发生普遍性的改变及产生中年危机的各种原因：离婚、工作不顺、日积月累的压抑及更年期等（Vaillant，1970）。

在各种关卡和危机中，最具时代特色的是"中年空巢家庭"。这是我国独生子女政策实施以来出现的常见家庭模式。传统的空巢家庭是指子女不在身边生活的，只有老年人的家庭。由于我国特殊的计划生育政策，在独生子女家庭结构的模式下，子女上学、工作、成家后，中年夫妻也随之早早进入"空巢期"，又称为"中年空巢家庭"。在现代中国的家庭中，夫妻的角色模式一般还保留"男主外、女主内"的角色分工。这种传统的角色分工使女性不自觉地承担了抚养子女、教育子女的任务，一旦子女离开，可能是女性孤独感更明显的原因。因此，既往研究发现中年空巢期对女性的影响普遍要高于男性，而女性更容易遭受空巢问题的困扰，产生孤独感。但现代女性有自己的职业和事业发展，传统女性的空巢危机已大大削弱。反而是中年男性因竞争和事业发展的瓶颈而大大加剧了中年危机。

本研究中的9位中高收入丈夫在其物质生活光鲜的背后，往往有更大的生存压力和焦虑。在维护打拼和奋斗后达到的"优势阶层"地位的同时，其压力大、烦恼多，怎么缓解？

表6　9位受访者丈夫基本信息

受访编号	年龄（岁）	职业	教育程度	二孩意愿	职业阶段	健身方式
M1	46	企业主	硕士	强烈	瓶颈期	健身房
M2	43	部门经理	本科	中等	平台期	无
M3	42	会计师	硕士	强烈	瓶颈期	游泳
M4	41	医生	博士	强烈	上升期	健身房
M5	44	医生	硕士	强烈	平台期	跑马
M6	45	机关主官	硕士	强烈	平台期	跑马
M7	45	企业副总	本科	强烈	平台期	健身房
M8	39	医生	博士	一般	上升期	无固定
M9	43	公务员	硕士	一般	瓶颈期	无固定

2. "顶梁柱"们对健康和衰老的焦虑和担忧

本研究中，中高收入家庭的男性多出生于1970年中后期，39岁到46岁之间，是社会上的"成功人士"。随着周围以及媒体对中年"成功人士"意外死亡事件、"未老先衰"及各种"老年病年轻化"报道的增多，这个群体对健康变得尤为关注。近年来，"马拉松"特别流行，健身房请私教指导，练瑜伽等都是"精英们"热衷的锻炼方式。

艾美：要打扮哦，天天健身房，私教，要么游泳，我觉得不光是我们女的怕老吧，男的更怕（笑）。

冷静的丈夫是外科医生：他们医院每年体检都会有同行，甚至是他同学查出几个肿瘤，有的已经走了，很感慨，真的很可惜的。……他每天跑步，他们都在微信群里打卡的，他血脂高，现在的年轻人，都是老年病，也就是看上去比以前的人显得年轻而已，什么高血压、糖尿病、高脂血症什么的，太多见啦。

维珍：这几年他头发也快掉得差不多了，其实也才40出头啊，真也是奇怪了，现在人头发掉的也是早，他有几个朋友都是这样，有的还去植发，我看他也很在意的。

品客：自从有孩子后，他的头发是越来越少了，其实他挺在意的，自己也找了好多偏方，压力是肯定大的，他们这一行就这样。

从受访者的视角看家庭的"顶梁柱"们，对外貌的关注，尤其对健康的担忧，都可反映出"中高收入家庭"的男性对中年危机的深深担忧。对于面临"中年危机"压力的男性，"二孩"不失为一剂"安慰剂"，亦是体面的应对策略之一。通过"二孩"，对悄悄袭来的"衰老"心存担忧的中年父亲可以和年轻人建立一种连接，缓解正不易察觉的与社会脱节的潜在压力；"二孩"不但可以得到社会和家庭对"顶梁柱"承受的压力更进一步的认可和理解，还可以证明自己"仍然年轻"。

3. 事业平台期对"成功人士"的潜在压力

胜男的丈夫是部门经理：他压力也是有的，高血压、高血脂、高血糖，典型的"三高"，但我觉得主要还是来自没什么新鲜感吧，忙嘛，又忙得要死。

玛丽的丈夫是机关单位主官：他，基本就这样了，最多再调一级，了不起了，也很难。玛丽对丈夫的评价：比我还爱打扮，要穿名牌，每天穿的都特别讲究。尤其迷上跑马以后，那些个装备特别烧钱，就跟着了魔似的。我觉得吧，他们就是小时候也没什么特殊的才艺或者爱好，又不想显得Out了，正好健身房、马拉松这些，不用什么童子功，入门也不难，又可以打着健身、时尚的名头。就跟那时候流行上什么 MBA 和 EMBA 一样，虚荣得很。

维珍的丈夫是机关领导：他嘛，下一步也就这样了吧，看得到的呀，退休前能调个副局就很好了。

可见来自国企或机关公务员一眼看到头的结局与职业倦怠是潜在压力源。

小治：他是医生嘛，往上就是当主任喽，主任只有一个，当不上嘛就老老实实做教授吧，教授也很难的，每年的基金课题什么的没有创新，连学生都招不到，现在干什么都不容易。

格格：他今年想跳槽，没走成，这里压力太大，论资排辈特别明显，有文章年轻也不行，逼得人走，他们科年轻的都快走光了。

冷静：他们单位强度很大的，文章要求每年都要有，最起码一篇 SCI，哪有时间写啊。

艾美的丈夫是私营企业主：他的事业啊，很稳定吧，但也就差不多了，还能怎么样啊，像马云啊，不可能（笑），现在竞争很激烈的好吧，他是进出口贸易，变数很大的，我觉得他压力肯定是大的，能保持这样已经很不错了。

品客的丈夫是企业副总：房地产生意其实并不好做的，他们公司以前生意确实是很好的，现在，新业务很少，当然着急了，但也急不来，也有涉及其他领域，每天都在考虑其他方向，多方发展嘛。

事业的"平台期"是中年男性必然要面对的人生阶段。人到中年，事业和年龄都到了一个新的分水岭，当来自专业领域意气风发的中年男性面临科研及创新、当志得意满的企业主面对风云变幻的市场，内心都在承受着"平台期、倦怠期"和市场上"高风险、高竞争"带来的巨大压力。

4. 男性借二孩安抚"中年空巢家庭"的焦虑

虽然既往研究发现"中年空巢期"对女性的影响普遍高于男性，但由于现代女性在照顾孩子、平衡家庭与工作的冲突中负担更重压力更大，对所谓孩子长大离家的"中年空巢期"其实是期望远大于恐惧,本研究中男性就比女性更多表现出担忧和焦虑。相较于普通工薪阶层,经历过事业巅峰或成功喜悦的"精英"往往有更强的中年危机感,体验到更加明显的失落。因此,"二孩"带给中年父亲的不仅是人生的另一种成功,更是新的转折、新的人生体验,同时还是生活中解压的"开心果"和一帖非常实用有效的"安慰剂"。生育二孩成了中高收入阶层男性应对中年危机的一种体面又理性的应对策略。

艾美:这次是一直心心念念的女孩,爸爸明显不一样了,只要有时间就跑回来跟女儿在一起,所以,时间是看你愿不愿意,愿意挤总是能挤出来。

冷静:可能是他现在工作也理顺了吧,职称也进了,也带组了,有心情和孩子在一起了,明显比带老大时间多多了。

品客:二宝也是讨喜,老大我们也没带过,他现在只要一看到二宝,就眉开眼笑的,也和人家年轻的爸爸学怎么跟孩子玩儿。……他的工作本来就是时间比较自主的,现在老大的功课是他辅导,也经常带二宝玩儿,辅导班也愿意去,能认识很多家长,扩大了社交圈,省得被社会抛弃。

小治:有了二宝,真的是大不一样,特别有家的温馨和睦的感觉,现在二宝是中心,大家都愿意围着她转,特别是爸爸,节假日都带着我们出去,比我还积极。

艾美的长子今年上初中,艾美怀二孩时41岁,年龄大,妊娠反应特别明显,故犹豫过要不要二孩,但从丈夫的观点可以一窥对即将到来的中年空巢生活的矛盾心理:"孩子大了转眼就要离开家了,到时候家里就冷清了,两个人大眼瞪小眼的,寂寞最容易得老年痴呆。"

小治大女儿14岁时,夫妻就要二孩问题发生争执,持续了两年:"我一直是不想要的,我老公说老大都这么大了,没两年就离家了。婚姻久了,夫妻该说的话都说完了,连可说的话都没有了,婚姻还有什么意思?"

品客,要二孩时长子上初中:"我爱人反复说一个孩子太寂寞,再说已经这么大了，转眼上了大学就要离开我们了。"

玛丽的长女上初中时，丈夫流露出同样的顾虑："你看老大都这么大了，感觉跟做梦似的，都忘了小时候的样子了，太快了，没几年就要离开我们了。"

中高收入家庭男性在"中年危机"的潜在压力下，对要二孩的积极态度也影响了高龄二孩妈妈的生育动机。

（四）中高收入家庭老人对子女高龄生育二胎并不积极支持

1. "力不从心"是老人普遍态度消极的面上原因

一些发达国家将老人年龄阶段的划分定为65周岁，而我国将60周岁作为步入老年阶段的开始。步入老年期后，人们首先明显地感受到生理机能的变化，感知觉的功能减退、记忆力的下降、思维迟缓等现实，体力精力的全面衰退。

胜男：我婆婆确实年龄大了，一说怀孕了，她立刻就犯愁了，说你们找好人带了吗？我带不动了。胜男对自己家庭格盘摆放的描述可以看出家里人一起向前看，夫妻各站一边保护孩子，老人做后盾，老人对小家庭的作用很重要。

玛丽：我爸妈一手带大我们家老大，老大的童年我们是几乎完全放手的，我爸妈表态就是只管老大，老二是管不动了。

品客：我爸妈第一反应是吃惊，然后就说年龄大了，老大上初中了，刚开始过好日子，要再从头来一遍吗？要考虑清楚哦。

格格：我婆婆的反应就挺吃惊的，第一反应就是什么什么？怀孕了？哎哟我可带不动了。

小治：我妈帮我带过几年老大，我对老大的方式跟我妈当年对我一样，但她年龄大了，带不动了。……我公公婆婆都80岁了，都在老家，我们现在基本什么事他们都不管了。

艾美：我公公去年得了重病，各种治疗，哪里还顾得上我们，其实以前管得也少了，我老公和他理念不同，生意都是早就分开做的了。

2. "过自己的晚年生活"是老人对"二孩"态度消极的真正原因

玛丽：我爸妈几乎每个月都开车回老家，要不是我拦着，估计每周一次。尤其是我爸，每次回去就那几个同学，天天热衷搞什么同学会。带孩子说累，开车200多公里从来不累，开心得很。

睿美：我妈哪是带孩子的人呐，自己的事情还忙不过来呢，我妈那些七大姑八大姨的事情特别多，对别人的事情特别上心，老大她就没带过。我婆婆就更别提了，打扮得花枝招展的到处旅游、拍照片，估计是寻找逝去的青春呢。不过，就算是她要给我带我还不要呢。

品客：有老大时，我爸妈都没退休，自然是公公婆婆带，他们也愿意带，毕竟就一个儿子嘛。但老大三年级的时候，奶奶腰病做手术了，要回老家养老。我们就把公公婆婆送回了老家，并给他们换了当地最好的房子，他们还是喜欢在老家，不寂寞。有了二宝以后，我爸妈也退休了，他们带也是顺理成章的，但我爸妈也是刚过上好日子，估计也想旅游什么的。

格格：我妈直接问到我脸上的，老人老了就有给你带孩子的义务吗？没有吧，我都接不上话。他们天天跟同学天南海北的旅游、上老年大学什么的，忙得很。

根据积极老龄化的观点，拥有一个幸福的晚年，老人需要有广泛的兴趣爱好、多与人交往、扩展自己的朋友圈、心态乐观积极、独立自主等等（Gergen，2001）。所以，老年大学、休闲娱乐中心的老人日渐增多，同学会，和老朋友或老同学结伴旅游，甚至国外游，等等，是现代经济条件较好的老人喜欢的生活方式。本研究中高龄二孩妈妈的家庭中，双方老人经济条件都不差，对子女没有经济依赖，反而是为子女小家庭做贡献，出钱又出力。

在完成了帮助照料一个孙子的任务的情景下，过一个丰富又轻松且自由的晚年自然就成了这些老人的首选。这是当年响应独生子女政策的老人不再完全遵循传统、明显可见的发展变化趋势之一。

3. 老人普遍消极的态度对中高收入家庭高龄二孩妈妈的生育动机有"积极"的影响

本研究中的 9 位高龄二孩家庭，其父母都是独生子女政策的响应人，虽然自己出生在多子女家庭，有兄弟姊妹，但在自己的育龄阶段都遵行政府的号召和法令，只生育了一个孩子。当独生子女结婚生育，帮助照料孙子辈自认为理所当然，兢兢业业带孙子辈，不仅生活照料、接送上学，甚至还帮着辅导学习，其重责与压力远大于自己当初养育孩子，有的甚至起到了"替代母亲"的作用。所以当他们的子女生育第一个孩子时，有许多妈妈是"观察者"的角色，新手妈妈和新手爸爸基本插不上手。

当老人们不再对"二孩"的决定积极参与时，反而激发了他们的子女"真正"为人父母的动力。

小冶：我妈妈对我很严厉，对我女儿那就不一样了。我觉得他们这一代人挺不负责任的，满足了自己的绕膝之乐，哪管孩子今后的路怎么走。大宝很多坏习惯到二宝这里几乎都没有，差异很大的，二宝的成长阶段我是一点儿也没落下，我老公一直觉得大宝是被我爸妈惯坏的。

格格：大宝可以说是作威作福长大的，爷爷奶奶宠得是不得了，动不动就带回老家了，幼儿园也上得"三天打鱼两天晒网"的。二宝怎么可能这样，我绝对是不允许的。没办法，大宝也不是我带的，根本也不听我的，我每天中午从单位跑回去一趟给二宝喂奶，那个感觉真的太好了，小手扑向我，唉，可惜大宝没经历过，经常觉得挺对不起她的，也挺遗憾的。所以有时候她跟我犯驴，我都没法跟她计较。

品客：我其实一直对老大有愧疚，那种感觉挺难受的，就是过去了就过去了，都没法补的那种。二宝和大宝性格完全不一样，特别会讨巧，嘴也甜。老大现在个子那么高，说他还不能多说，但我的忍字都写在脸上，他也看得出来，关系其实挺僵的。

玛丽：我那时候觉得自己还没长大呢，现在想起来都搞笑，记得第一次怀孕时有一次发火，我用手锤肚子，我爸妈和我老公都吓坏了；还有一次，大宝都好大了，我生气一屁股坐地上号啕大哭，我爸还说，幸亏屋子大，不然这大长腿在地上还真伸不开。现在有二宝，基本亲力亲为，不指望老人了，二宝的习惯都是我来做，小孩都是小天使，老人宠是宠不好的，大宝我基本上放弃努力了。

睿美：我肯定不一样嘛，我女儿是我公婆一手带大的，跟我像姐妹。我现在对二宝真的是亲力亲为了，早晨我会亲自去菜场买菜，阿姨买的我不放心。当妈的感觉还是挺好的，小孩子你付出多少，回报也是不一样的，当初是真没办法，但凡有一点可能，孩子都一定要自己带。

"不错过孩子的每一个成长阶段、孩子习惯的养成、亲自体验真正作为母亲的感受、对孩子思维方式的影响"等等都是中高收入家庭的高龄二孩妈妈们对二宝的体验和感受。所以，"错过了"老大完整的成长过程，二宝在老人态度并不积极的情况下，反而增加了自己亲力亲为带孩子的可能性和确定性。

五、结论

本研究通过9位中高收入家庭高龄二孩妈妈的生命故事，展示其生育二孩的心路历程，以及影响其决策动机的影响因素，研究发现：

1. 家庭高于事业的传统女性性别意识仍然深刻影响着今天中高收入家庭的高龄二孩妈妈。虽然她们自身是受过良好教育的职业女性，但"家庭大于事业、事业让位于家庭、满足丈夫的生育欲求、以孩子维系婚姻、完美的母职角色……"等等的传统信念，促使她们甘冒高龄生育的种种风险。

2. 二孩已成为中高收入家庭的标配，"攀比"则是促进中高收入家庭生育二孩的重要心理动机之一。对应于目前中国中低收入家庭的"养不起、不敢生"，中高收入家庭的"标配"之一则是在物质硬件之外的二孩或多孩。攀比心理和行为在中高收入阶层中更加普遍和突出。

3. 高龄生育二孩，大大缓解了中高收入男性的"中年危机"。高龄二孩妈妈的丈夫大多处于人到中年、事业发展难免遭遇平台或瓶颈的尴尬期，二孩不仅满足了中高阶层男性相互攀比的需求，还给中年父亲带来了人生的另一种成功、新的转折、新的人生体验，同时还是生活中解压的"开心果"和实用有效的"安慰剂"。生育二孩成了中高收入阶层男性应对中年危机的体面又理性的应对策略。这种需求和策略作用于妻子，则强化了女性的传统性别意识，促使中高阶层家庭生育二孩的决策得以实施。

4. 中高收入家庭的老一辈对二孩生育多持消极态度。当老人们不再对"二孩"的决定积极参与时，反而激发了他们的子女"真正"为人父母的动力。曾经养育过独生子女一代的 1950 年前后的老人，把亲力亲为带孩子的接力棒交给子女后，希望享有自己相对轻松自由的晚年生活，也是现代中国老人不再完全遵循传统的发展变化趋势之一。而老人对"二孩"普遍消极的态度却对中高收入家庭高龄二孩妈妈的生育动机有着"积极"的影响。

参考文献

诺曼 K. 邓津，伊冯娜 S. 林肯（2018）．质性研究手册·第 3 卷：资料收集与分析方法．重庆：重庆大学出版社，626－627．

Salazar, N. B., Zhang, Y., 撒露莎（2018）．季节性度假旅游模式：中国精英阶层的个案研究．中南民族大学学报（人文社会科学版），（1），95－103．

陈斌斌，王燕，梁霁，童连（2016）．二胎进行时：头胎儿童在向同胞关系过渡时的生理和心理变化及其影响因素．心理科学进展，（6），863－873．

陈圣祺（2008）．中国中产阶层焦虑的心理分析．商情（科学教育家），（1），11－15．

陈秀红（2017）．影响城市女性二孩生育意愿的社会福利因素之考察．妇女研究论丛，（1），30－39．

陈渝（2016）．从教育学视角浅析影响二孩生育意愿的因素——基于全面二孩政策的开放．亚太教育，（22），289．

程雅馨，何勤（2016）．全面放开二孩政策形势下女性生育二孩意愿与女性权益保护．中国劳动关系学院学报，（4），99－107．

风笑天，肖洁（2014）．中国女性性别角色意识的城乡差异研究．人文杂志，（11），107－116．

葛佳（2017）．全面二孩时代二孩生育的阶层差异研究．人口与经济，（3），109－118．

靳永爱，宋健，陈卫（2016）．全面二孩政策背景下中国城市女性的生育偏好与生育计划．人口研究，40（6），24－39．

李敏智（2013）．当代女大学生性别意识的迷乱与重构．学术论坛，36（3），210－213．

梁晓青（2018）．转型期城市中产阶层焦虑对其消费行为的影响．西安交通大学学报（社会科学版），（2），78－85．

屈文文，刘梅（2013）．中产阶级焦虑症的心理机制分析——读弗洛姆《为自己的人》《逃避自由》《健全的社会》．社会心理科学，（5），6－10．

杨素华（2017）．心理格板技术及其在心理咨询中的应用．山东商业职业技术学院学报，17（3），114－116．

庄渝霞 (2008). 不同代别农民工生育意愿及其影响因素——基于厦门市912位农村流动人口的实证研究. 社会, 28 (1), 138–163.

Aassve, A., Mencarini, L. & Sironi, M. (2015). Institutional Change, Happiness, and Fertility. *European Sociological Review*, 31 (6), 749–765.

Arnot, M. (2002). *Reproducing Gender Critical Essays on Educational Theory and Feminist Politics*. London; New York: Routledge/Falmer, 391–419.

Bachrach, C. A. & Morgan, S. P. (2013). A Cognitive-Social Model of Fertility Intentions. *Population and Development Review*, 39 (3), 459–485.

Beaujouan, E. & Berghammer, C. (2019). The Gap between Lifetime Fertility Intentions and Completed Fertility in Europe and the United States: A Cohort Approach. *Population Research and Policy Review*, 38, 507–535.

Benson, M., Bridge, G. & Wilson, D. (2015). School Choice in London and Paris: A Comparison of Middle-Class Strategies. *Social Policy & Administration*, 49 (1), 24–43.

Buss, D. M. & Shackelford, T. K. (2008). Attractive Women Want It All: Good Genes, Economic Investment, Parenting Proclivities, and Emotional Commitment. *Evolutionary Psychology*, 6 (1), 134–146.

Davis, N. C. & Friedrich, D. (2010). Age Stereotypes in Middle-Aged through Old-Old Adults. *The International Journal of Aging and Human Development*, 70 (3), 199–212.

GregoryS. (2017). Midlife Crisis or Graceful Maturity? *IEEE Software*, 14–17.

Hoffman L. M. & Hoffman M. L. (2005). The Value of Children to Parents. *Psychological Perspectives on Population*, 23 (4), 19–76.

Jiang, Q., Li, S. & Feldman, M. W. (2011). Demographic Consequences of Gender Discrimination in China: Simulation Analysis of Policy Options. *Population Research and Policy Review*, 30 (4), 619–638.

Leibenstein, H. (1981). Economic Decision Theory and Human Fertility Behavior: A Speculative Essay. *Population & Development Review*, 7 (3), 381–400.

Li, W. L. (1998). Aging and Welfare Policies in China. *Sociological Focus*, 31 (1), 31–43.

Lisa S. McAllister, Gillian V. Pepper, Sandra Virgo (2016). The Evolved Psychological Mechanisms of Fertility Motivation: Hunting for Causation in A Sea of Correlation. *Philosophical Transactions of the Royal Society B: Biological Sciences*, 371 (1692).

Lyubomirsky S. & Boehm J. (2010). Human Motives, Happiness, and the Puzzle of Parenthood Commentary on Kenrick et al. *Perspectives on Psychological Science: A Journal of the Association for Psychological Science*, 5 (3), 327 – 334.

Maslow, A. H. (1943). A Theory of Human Motivation. *Psychological Review*, 50, 370 – 396.

Miller W., Severy L., Pasta D. (2004). A Framework for Modelling Fertility Motivation in Couples. *Population Studies*, 58 (2), 193 – 205.

Miller, W. B., Bard, D. E. & Rodgers, D. J. P. L. (2010). Biodemographic Modelingof the Links between Fertility Motivation and Fertility Outcomes in the NLSY79. *Demography*, 47 (2), 393 – 414.

Morgan, S. P. & Rackin, H. (2010). The Correspondence between Fertility Intentions and Behavior in the United States. *Population and Development Review*, 36, 91 – 118.

Nelson S. K., Kushlev K. & Lyubomirsky S. (2014). The Pains and Pleasures of Parenting: When, Why, and How is Parenthood Associated with More or Less Well-being. *Psychological Bulletin*, 140 (3), 846.

Nomaguchi K. M. & Milkie M. A. (2003). Costs and Rewards of Children: The Effects of Becoming a Parent on Adults' Lives. *Journal of Marriage & Family*, 65 (2), 356 – 374.

Quanbao J., Li S., Marcus W. F. (2011). Demographic Consequences of Gender Discrimination in China: Simulation Analysis of Policy Options. *Population Research and Policy Review*, 30 (4), 619 – 638.

Rackin H. M. & Bachrach C. A. (2016). Assessing the Predictive Value of Fertility Expectations Through a Cognitive-Social Model. *Population Research and Policy Review*, 35 (4), 527 – 551.

Rotkirch, A., Basten, S., Heini Väisänen & Jokela, M. (2011). Baby Longing and Men's Reproductive Motivation. *Vienna Yearbook of Population Research*, 9 (1), 283 – 306.

Salata, André & Celi Scalon (2015). From the Middle to the Middle Class: How do the

"New Middle Class" and the "Traditional Middle Class" Perceive Their Social Status? *Ciências Sociais Unisinos*, 51 (3), 375-386.

Seikowski, K., Stöbe, K. & Harth, W. (2008). Midlife Crisis in Men? Subjectively Perceived Physical and Mental Changes in Men of Advancing Age. *MMW Fortschritte der Medizin*, 132-145.

Strachey ed. (1958). *The Standard Edition of the Complete Psychoanalytical Works of Sigmund Freud* (12). London: Hogarth Press, 79-82.

Tomáš Sobotka, Éva Beaujouan (2014). Two is Best? The Persistence of a Two-Child Family Ideal in Europe. *Population and Development Review*, 40 (3), 391-419.

Tuljapurkar S., Li N., Feldman M. W. (1995). High Sex Ratios in China's Future. *Science*, 267 (5199), 874-876.

Qualitative Research on the Childbearing Motivation of the Elderly Second Child Mothers in Middle and High Income Families

Li Wen-tong   Geng Wen-xiu

(School of Psychology and Cognitive Science, East China Normal University, Shanghai, 200062)

／ Abstract ／

Excepting the important factor—economic constraints, the study attempts to investigate the fertility motivation and influencing factors of contemporary Chinese women. Qualitative research methods were adopted in the study. Through purposeful sampling, participatory observation, and such as the placement of family grid, the drawing of life tree, 9 elderly mothers who gave birth of the second child in the middle/high income families were in-depth interviewed. The interview data are analyzed at three levels by means of explanatory phenomenology. Firstly, from the holistic and content dimension, the subjects identified themselves as "the generation under special policies", sumarized their life stories and growth experiences, and established their "life tree". Then, from the dimension of category and content, the author makes a horizontal comparison and an analytical description of their life narrative. Through the analysis of "bottom-up" grounded theory, the author tries to establish a dialogue between the life narrative of the second-child mother and the gender theory. Finally, the author returns to the original data and tries to interpret the life narrative "from top to bottom", revealing and exploring the profound influence of different factors such as society, family and spouse on the fertility motivation of the second-child mothers in the middle/high-income families. From the study we find:

1. The traditional female gender role of "family overtopping success career" has a profound impact on the second-child mothers in the middle/high-income families.

2. The second child is the standard component of the middle/high income families. The "keeping-up-with-the-joneses" is also the important motivation to have a second-child.

3. Having a second child at elderly age has greatly alleviated the husbands' "midlife crisis" among the middle/high-income families.

4. The general negative attitude of theold generation has a "positive" effect on the reproductive motivation of the elderly mothers who have two children in middle and high income families. The elderly in middle/high-income families do not actively support their children to have a second

child at an advanced age.

/ **Keywords** /

Middle/high-income families, Elderly second-child mothers, Fertility motivation, Gender consciousness, Mid-life crisis

高校心理咨询中的双重身份及其影响

车莹露 田 浩[*]

(北京林业大学人文社会科学学院,北京,100083)

/ 摘 要 /

咨询关系在心理咨询中发挥着重要作用。高校中的心理咨询由于咨访双方具有独特的双重身份,使咨询关系的建立以及咨询中的具体操作都具有某种特殊性。目的:探究双重身份现象给高校心理咨询带来的影响。方法:使用自编访谈提纲对高校咨询师进行半结构化访谈,使用自编调查问卷对接受过心理咨询的大学生进行调查。结果:发现双重身份确实给高校心理咨询产生了独特的影响,学生的咨询期待与咨询师的身份固守形成了潜在矛盾,发现了可能存在的六种亚型咨访关系。结论:双重身份的影响确实存在,但咨询师为顺应学生期待建立了符合高校特点的独特心理咨询方式。

---

[*] 通讯作者:田浩,副教授,硕士生导师,E-mail: tianhaoxx@126.com。

/ 关键词 /

咨询关系，双重身份，高校心理咨询，半结构化访谈法

一、引言

　　几乎所有学者都认为，咨询师与来访者之间建立的咨访关系在心理咨询过程中有非常重要的作用。于 2018 年再次修订的《中国心理学会临床与咨询心理学工作伦理守则》中明确规定：心理咨询过程中咨询师与来访者之间除咨询关系以外，不得产生和建立其他任何关系，尽量避免双重关系。如在咨询过程中存在双重关系可能会影响咨询师对问题进行客观性的判断并导致求助者对咨询师的过度依赖或不信任，致使心理咨询失效（中国心理学会临床心理学注册工作委员会伦理修订工作组，中国心理学会临床心理学注册工作委员会标准制定工作组，2018）。而高校中的咨访关系具有一定的特殊性，因而咨询过程也受到相应的影响。但对于高校这种特殊的心理咨询环境，目前仍没有专门针对高校工作的伦理守则对咨询工作加以规范。

　　高校心理咨询不同于一般社会心理咨询的单一功能，它既要服务于大学生的心理健康，又要符合学校对于学生管理的需求（赵君，苏荣坤，2018）。与美国相比，中国的高校心理咨询中心有更多的行政需求，高校心理咨询机构许多隶属学生工作部门，咨询师除了具备咨询师角色外，往往还担任管理者与行政人员的角色（臧书起，2015）。在这样的咨询关系中，心理咨询师处于更加明显的主动地位，往往易使心理咨询关系失去原有的平等，并导致更多违反咨询伦理的情况发生（毕玉芳，2014）。因此，高校中的多重角色或者多重身份现象是普遍存在的，许多高校为了保证咨询效果、避免违反伦理规定，会尽量

错开认识的或有授课关系的师生以避免双重关系的发生。但咨访双方的双重身份现象无法避免。

"身份"一词自古有之，在不同年代不同情境中表达过丰富的含义。目前在汉语中也有多种意思：一是指出身和社会地位，二是指身价，三是指姿态、架势。总结起来，我们把身份看成个体在社会中的位置及地位的标识和称谓（张淑华，李海莹，刘芳，2012）。如在高校环境中，天然的就具有两种身份——教师和学生，但在高校的咨询室里，我们又希望这二者分别拥有咨询师和来访者的身份并承担对他们的角色期待，这就使高校心理咨询普遍出现双重身份这一现象。但"关系"则不同，《辞海》中关于"关系"的每一条解释都包含了"事物之间"的意思，关系不能独立出现，而一定要涉及两个或以上的事物并在他们中间发挥作用。人与人之间可能产生多种不同的关系，但心理咨询为了保护来访者的福祉及咨询效果，要求除了咨询关系以外不得产生和建立其他关系，如亲属关系、利益关系、伴侣关系等。其中师生关系也应包括在内，因为师生关系往往意味着教师承担了教授和管理学生的职责，带有一定的权威性，因此高校需要制定政策避免有直接授课关系的师生匹配咨询。因此，就需要对这两个概念做界定与区分：双重身份是指教师和学生除了已有的身份以外分别还有咨询师和来访者的身份，并且在咨询中需要承担对这些身份的角色期待，双重身份是个人的，也是目前高校咨询环境中普遍的现象；而双重关系则是指咨访双方除了咨询关系以外还有其他的关系，在咨询中应当避免。

许多高校中的心理咨询师具有双重身份——既是咨询师又是教师，而另一方则既是来访者也是学生。咨访双方的这种特殊双重身份对咨询关系建立和咨询过程都会产生一定影响（Aducci, C. & Cole, C., 2011）。

从积极影响来看，在心理咨询过程中，咨询师试图了解来访者的问题并帮助他们解决，首先要得到来访者的信任，作为教师的特殊身份使他们能够更好地获得来访者的信任，有利于建立良好的咨询关系（郑静，邵荣，2009；焦翊修，吴亚美，2016）。其次，从消极影响来看，教师这个身份使咨询师可能有意无意地站在学校和教师的立场上思考问题，导致来访学生失去信任，进而影响咨询关系的建立；教师身份还可能使咨询师与来访者难以形成平等的关系，难以做到充分共情，或表现的过分权威（何元庆，王静娴，2016）。最后，作为教师的咨询师也可能轻易地做出评价或直接提出指导意见，使咨询关系中缺乏应有的尊重和平等，难以达到预期的咨询效果（钟友彬，1993）。

本研究主要使用定性的研究方法，再配合以简单的问卷调查补充一部分信息。Polkinghorne 认为，定性研究的主要目的是描述和澄清经验，研究者使用语言这一工具，可以深入了解这种经验，收集到那些无法直接观察到，或无法使用其他数据收集方法获得的隐含意义（Polkinghorne, D. E., 2005）。定性的方法可用于那些不易识别或还没有被识别的变量，调查以前很少或根本没有被研究的主题，以及解决文献中由于过早、不准确或不充分的操作性变量引发的矛盾（Morrow, S. L., 2007）。定性的研究方法特别适用于心理咨询相关的研究，主要是由于定性的方法往往与多元文化心理学和心理咨询的研究相联系，有利于心理学方法论的扩展及多元化；并且定性方法对于调查"过程"十分有效，因此是深入了解心理治疗过程的理想选择（Ponterotto, J. G., 2005）。本研究立足于高校心理咨询，试图将普遍存在的双重身份现象从涉及伦理问题的双重关系中分离出来，单独讨论其存在的原因，以及可能造成的影响。

双重身份是高校心理咨询中较为普遍的现象，但双重关系却直接涉及咨询伦理问题，咨询师在其中如何处理就显得极为重要。本文通过对访谈法和问卷调查法，探究在咨询过程中由双重身份引发的问题及咨询师的应对方式。

二、对象与方法

(一) 问卷调查法

调查问卷主要面向全国各高校大学生发放,共回收有效问卷847份,其中接受过高校心理咨询的大学生有110人。通过"问卷星"制作在线问卷并进行数据的收集,被试的征集主要依靠各高校学生及咨询师,以保证被试中接受过高校心理咨询的学生比例。

调查使用自编的调查问卷"高校心理咨询中学生的咨询期待与角色期待"(见附录一)。问卷包括基本信息收集及筛选、既往咨询经验、对高校咨询的评价与期望。

(二) 访谈法

访谈北京和新疆部分高校心理咨询工作人员共13位,分两批进行,第一批访谈9位咨询师,在进行简单的资料整理分析后,再补充4位咨询师访谈,至获取的信息基本饱和。

访谈使用自编的访谈提纲(见附录二)。提纲分为基本信息收集、对咨询关系的态度、高校咨询的特点与区别、对双重身份的态度几个部分。访谈主要通过面谈、电话访谈等方式,记录尽量使用录音,对部分不同意录音的咨询师采用要点记录的方法。

对访谈获取的资料按照所提的问题和讨论的主题分类后进行分析。各咨询师基本信息整理如下(见表1)。

表1 受访咨询师基本信息汇总表

编号	从业时间	咨询方法（流派）
咨询师 A	5 年	综合（精神分析稍多）
咨询师 B	11 年	家庭治疗、叙事疗法
咨询师 C	17 年	认知行为疗法
咨询师 D	13 年	认知行为疗法
咨询师 E	2 年	精神分析疗法
咨询师 F	11 年	精神分析疗法
咨询师 G	10 年	综合方法
咨询师 H	12 年	综合方法
咨询师 I	6 年	综合方法
咨询师 J	3 年	认知行为疗法
咨询师 K	5 年	认知行为疗法
咨询师 L	4 年	接纳承诺疗法
咨询师 M	2 年	认知行为疗法和精神分析疗法

三、结果与讨论

（一）双重身份影响的复杂性

咨访关系可能在很大程度上影响咨询效果，那么高校中独特的咨访关系会对其咨询效果有何影响？咨询师普遍表示，双重身份给咨访关系和咨询效果带来的影响是复杂的，不能简单地说好或是不好。同时在高校和社会上接心理咨询的咨询师 K 说：

"我觉得没有一个确定答案，它有不同的因素。社会上的咨询有它能促进咨询效果的地方，因为来访者的主动性很强，会非常投入，然后主动地推进整个咨询进程来成长。学校咨询它能够有利于咨询效果的地方是服从性会很好，因为它天然的有师生之间的信任关系,那种依从性和合作性会对咨询效果很有好处。"

在谈论到咨询师的双重身份对咨询过程的影响时,咨询师们更倾向于积极面对:双重关系违背咨询伦理,如果没有双重关系而有双重身份,则要拿出来与学生交流;教师的身份更能帮助咨询师拉近跟学生的关系,使建立咨询关系相对更为容易。咨询师 E 提到:

"要和学生讨论双重身份的影响,而不是带着影响工作。"

(二) 双重身份与角色认同偏差

在高校咨询中,学生自然地将自己摆在学生的角色上,这是一个多数学生都非常熟悉的、通常能有效获得帮助的角色。相应的,学生也可能自然地将所面对的人定义为教师角色,也可能更多地向对方寻求指导性建议。同时,由于很多咨询师同时在学校担任行政职务,或者给学生授课,可能使咨询师在咨询过程中以教师的身份和态度面对来访者。即便是不承担行政和授课任务的外聘咨询师,也可能产生角色混淆。正如咨询师 K 提到的:

"就算是外聘的兼职咨询师,当来访者都以学生的角色用对待老师的方式来面对你时,你也可能产生角色混淆。""高校咨询师相对来说承担了更多的责任(而这部分责任可能本来是源自教师身份的)。"

再进一步,高校中咨访关系中的角色认同可能存在多种情况。如表 2 所示,咨访双方首先都对自己的角色有一个认同,然后产生对对方角色的认同。由此,咨询中每一方都可能产生四种不同的角色认同组合。但事实上,咨询师通常是受过专业训练的,即便他们可能在高校工作中将自己认同为教师,但咨访、师生是分别相对应的关系,理论上咨询师不会将对方认同为学生,教师也不会将对方认同为来访者,这在逻辑上说不通,在访谈中也没有遇到此类情况。也就是说，对于咨询师来说，对咨访双方的角色认同是相联系的，是咨询师与来访者的咨访关系，或者是教师与学生间的师生关系。相对的，高校学生多数对心理咨询了解不多，在咨询中的自我角色认同多为学生，但对咨询师的角色认同出现混淆，可能是咨询师，也可能是教师；若有少数对咨询有一定了解并且能够将自己认同为来访者的，便不再会将对方的角色认同为教师。同上，这种情况在访谈中也没有遇到或被提及，文章中不再讨论。

结合理论分析和访谈资料，高校咨访关系中存在六种类型，下面将分别讨论这六种关系类型及其对咨询的影响。

表 2　咨询双方角色认同关系表

			咨询师的角色认同	
			认同咨访关系	认同师生关系
来访者的角色认同	认同自己为来访者	认同对方为咨询师	I	II
		认同对方为老师	—	—
	认同自己为学生	认同对方为咨询师	III	IV
		认同对方为老师	V	VI

（三）六种咨访关系的影响分析

1. I 型关系

在这种咨询关系中，咨询师认同自己为咨询师，认同对方为来访者；来访者方认同自己为来访者，认同对方为咨询师。如此形成的关系堪称"教科书式"的标准咨询关系。这种咨询关系较为稳定，几乎不受高校咨询双重身份因素的影响。

2. Ⅱ型关系

咨询师认同师生关系；来访者认同自己为来访者，认同对方为咨询师。在日常工作中，由于咨询师遇到的大多是不能及时转换角色的学生来访者，他们往往对咨询师有类似于对教师的服从和诉求。为了在咨询中更好地提供帮助，咨询师们也会尽量回应这些诉求，更偏向于认同师生关系。如果咨询师习惯这种咨询模式，在遇到有过咨询经历或能处理好角色认同的来访者时不能及时转换，将会与来访者的诉求产生直接冲突，可能影响咨询关系的建立或直接导致咨询中断。

3. Ⅲ型关系

咨询师认同咨询关系；来访者认同自己为学生，认同对方为咨询师。这种关系的出现一般是由于学生对咨询的了解不足，他们对咨询师有合乎专业的期待，却不能分辨自己在咨询中该扮演怎样的角色。鉴于来访者配合度高，在这种情况下建立咨询关系并不困难，咨询师只要在之后的咨询中逐步引导来访者明确角色、提高主动性，一般能取得不错的咨询效果。

4. Ⅳ型关系

咨询师方认同师生关系；来访者方认同自己为学生，认同对方为咨询师。前面说到，咨询师方认同师生关系多半是受过往接待学生的期待影响，但当他们面对的是对咨询有更专业的期待的学生时，要能够及时转换，否则将与学生的期待相悖，可能导致关系破裂甚至中断咨询。

5. Ⅴ型关系

咨询师认同咨询关系；来访者认同自己为学生，认同对方为教师。此种情况下，双方对咨询的认识和期待出现矛盾，需要咨询师在中间把握好度。为了咨询的顺利进行，咨询师通常选择折中，回应学生的部分期待并努力培养其"咨询的意识"。由于学生对教师的依赖与服从倾向，关系较为容易建立，对咨询效果也有不错的预期。但如果咨询师没有把握好度，而是被学生的认同所影响，那么关系可能进一步演变为下面的Ⅵ型关系。

6. Ⅵ型关系

咨询师认同师生关系；来访者认同自己为学生，认同对方为教师。这种关系一般出现在对咨询不了解、对教师角色有依赖的学生和完全迎合学生诉求的咨询师之间，极容易被混淆为师生关系。不可否认的是，很多学生来访者非常适应这种获取帮助的形式（他们习惯于从教师那里直接获取指导与帮助），所以虽然咨询可能产生不错的短期效果，但与来访者长期的发展，和心理咨询"助人自助"的原则存在冲突。在此种关系中，师生的交流方式可能使咨询过程产生较多的指导性建议，增加来访者对咨询师的依赖感，而对学生的人格完善与发展是否有长期好处，还有待讨论。

（四）咨询师对双重身份的态度

不管承认与否，传统的师生关系总是带有一点等级性质的。学生从小被教育要"尊敬"师长，要"听"教师的话；教师也被要求对学生"负责"，对待学生向对待自己的"亲生孩子"一样。当高校心理咨询师的角色认同出现混淆时，是否意味着本应平等的咨访关系变得更有"等级感"了，咨询师身份更有"权威感"了呢？

对于咨询师来说，承担教学任务的咨询师和不承担教学任务的咨询师表现出明显差异。专职咨询师 M 表示，如果学生表现出对教师的需求或期待，那她会尽力迎合对方以达到更好的咨询效果：

"我还是认为自己首先是一个老师，其次才是咨询师，毕竟我也会给学生上公共课……有一些学生甚至还未成年，价值观也没发展完全，非常需要我们提供一些指导和建议，我们就把已知的信息告诉他们，一起分析利弊，里面会存在一些建议的成分。"

相对来说，没有授课任务的咨询师能更好地坚持自己的角色认同，尽量以咨询师的专业和态度面对学生来访者。咨询师 M 进一步认为，不同咨询师对双重身份的不同态度刚好可以满足学生的不同需要，使所有学生或来访者的诉求都可以得到满足，对学生多做一些科普性宣传，让学生来访者自己挑选期待的咨询师类型，也许是一个能够帮助咨询关系建立、提高咨询效果的可靠办法。

"他开始预约的时候会问……有些学生是了解的，对这一点我觉得我们可以把这个宣传出去，多做一些科普，告诉大家你是有选择的，咨询师的性别、年龄，包括他是校内的还是校外的，都可以选。"

（五）双重身份对咨询效果的影响

当咨询师更倾向于认同"师生关系"时，咨询中往往会出现较多的指导性建议，这可能是他们来自教师身份的"责任感"所致，即尽力帮助学生解决问题；也可能是长期迎合学生的期待而形成的习惯。作为学生来说，大部分学生来访者不能及时转换自己在咨询中的来访者角色，即便他们可能对对方的咨询师身份和专业度有所期待，但也无法避免会产生依赖和服从"更有力量的人"的倾向，也会在咨询中更加期待指导性建议的出现。

在针对 110 位接受过高校心理咨询的大学生的调查问卷中显示，大多数学生更希望咨询时面对咨询师身份（53.6%）而不是教师身份（27.3%），但希望咨询师能够给自己提出指导性意见（52.7%）略多于与咨询师共同探讨问题（47.3%）（以上为多选题中部分题项的选择比例，指选择该选项的人次在所有填写人数中所占的比例，所以百分比相加可能不等于百分之一百）。对这项调查结果，咨询师看法不一。有咨询师认为高校咨询更多以咨询师身份出现，至于是否向来访者提出指导性意见要视情况而定，大多数来访者咨询寻求解决不良情绪，根源不定，若根源是现实问题，咨询时可适当提出指导性意见：

"我以前是专门做精神分析的，后来发现了学生们的这个现象，就去学了行为学流派的方法，感觉会更适合一些。"咨询师 H 这样解释。

咨询师 K 认为，相比于社会上的一般咨询，在高校咨询中学生来访者可能更倾向于向咨询师寻求指导性建议，这可能是由于学生对"咨询教师"天然的依赖感或是对咨询的不了解所导致的，而他也更倾向于给学生提供指导性建议。有的咨询师则认为，这正是高校咨询师特别的地方，应当充分发挥利用来帮助来访者，咨询师 C 表示：

"作为老师向学生指导解决方法、作为咨询师与来访者探讨问题并不冲突，尽可能利用自己身上所有能用的资源帮助来访者，一切以解决问题为出发点。"

个别咨询师（E、J）表示，来访者更需要指导性方案是因为对心理咨询本身不够了解，但咨询师更应该帮助来访者发现和探讨问题，同时也应该普及有关心理咨询的知识，使学生了解心理咨询。

四、结论

心理咨询在高校中存在一定的特殊性，这种特殊性有一部分是由咨访双方的双重身份带来的。双重身份可能使咨访双方在咨询中对自己或对方的角色认同发生混淆，并最终对咨询效果产生一定的影响，但不能简单判断这种影响一定是消极的还是积极的。多数咨询师都能够根据高校特点调整自己的咨询方法，找到更适合来访学生的咨询方式，以解决问题为导向，既帮助学生解决问题，又促进其自我成长，对双重身份的影响适应良好。

参考文献

毕玉芳（2014）．高校心理咨询伦理的困境与对策．思想理论教育，（1）：83-86.

何元庆，王静娴（2016）．高校心理咨询中双重关系的伦理困境与解决对策．中国卫生事业管理，33（4）：306-308.

焦翊修，吴亚美（2016）．探究心理咨询中的咨询师、来访者及咨访关系．学周刊，（16）：184-186.

臧书起（2015）．高校心理危机干预中的伦理困境论析．中国成人教育，（2）：22.

张淑华，李海莹，刘芳（2012）．身份认同研究综述．心理研究，5（1）：21-27.

赵君，苏荣坤（2018）．高校心理咨询工作的伦理困境与对策．心理学通讯，1（3）：223-228.

郑静，邵荣（2009）．论学校心理咨询中的双重关系．思想理论教育，（5）：78-81.

中国心理学会临床心理学注册工作委员会伦理修订工作组，中国心理学会临床心理学注册工作委员会标准制定工作组（2018）．中国心理学会临床与咨询心理学工作伦理守则．心理学报，（11）：1314.

钟友彬（1993）．心理咨询关系和心理咨询家的作用．健康心理学，（1）：3-5.

Aducci, C. & Cole, C. (2011). Multiple Relationships: Perspectives From Training Family Therapists and Clients. *Journal of Systemic Therapies*, 30（4）：48-63.

Morrow, S. L. (2007). Qualitative Research in Counseling Psychology: Conceptual Foundations. *The Counseling Psychologist*, 35（2）：209-235.

Polkinghorne, D. E. (2005). Language and Meaning: Data Collection in Qualitative Research. *Journal of Counseling Psychology*, 52（2）：137-145.

Ponterotto, J. G. (2005). Integrating Qualitative Research Requirements Into Professional Psychology Training Programs in North America: Rationale and Curriculum Model. *Qualitative Research in Psychology*, 2（2）：97-116.

附录

附录一:"高校心理咨询中学生的咨询期待与角色期待"调查问卷

1. 您的性别:[单选题][必答题]
   ○ 男
   ○ 女

2. 是否为在校大学生[单选题][必答题]
   ○ 是
   ○ 否

3. 你是否接受过心理咨询或辅导?[单选题][必答题]
   ○ 接受过学校中的心理咨询
   ○ 接受过社会中的一般心理咨询
   ○ 以上两种都接受过
   ○ 从未接受过心理咨询

4. 如果你将要接受一次高校的心理咨询,您更希望接受怎么样的咨询呢?
   [多选题][必答题]
   □ 咨询师更偏向老师身份的
   □ 咨询师更偏向咨询师的平等身份的
   □ 亦师亦友的
   □ 以给你提供指导性建议为主的
   □ 以与你一起探讨问题为主的
   □ 收费的
   □ 免费的

☐ 更多_____*

5. 你曾经接受过高校的心理咨询，你认为那是怎么样的咨询呢？［多选题］［必答题］

☐ 咨询师更偏向老师身份的

☐ 咨询师更偏向咨询师的平等身份的

☐ 亦师亦友的

☐ 以给你提供指导性建议为主的

☐ 以与你一起探讨问题为主的

☐ 收费的

☐ 免费的

☐ 更多_____*

附录二：咨询师访谈提纲

1. 请问您从事高校心理咨询这项工作多久了？

2. 来您这里咨询的来访者都是主动自愿的吗？

3. 您认为，就咨询关系建立这个方面，高校心理咨询与社会上的一般心理咨询有什么不同之处吗？

4. 高校心理咨询的特点之一是老师与咨询师、学生与来访者这样的双重身份，您认为这种双重身份，或对某一身份的偏向性，对咨询关系的建立有什么影响吗？

5. 在我前段时间针对大学生的一项调查中显示，接受过高校咨询的大学生认为咨询师更偏向老师身份且以提供指导性意见为主；而多数大学生更希望心理咨询是咨询师更偏向咨询师的身份且以提供指导性意见为主，对此您有什么看法？

Double Identity and Influence of the Psychological Counseling in Colleges and Universities

Che Ying-lu   Tian Hao

(School of Humanities and Social Sciences, Beijing Forestry University, Beijing, 100083)

／Abstract／

Counseling relationships play an important role in psychological counseling. Due to the unique dual identities between the consultants and clients in colleges and universities, the establishment of counseling relationships and the specific operations in counseling have some special characteristics. Objective: To explore the effect of dual identities on psychological counseling in colleges and universities. Methods: Semi-structured interviews with college consultants and clients were conducted using self-made interview outlines, and college students who had received psychological counseling were investigated using self-made questionnaires. Results: It was found that dual identities did have a unique impact on psychological counseling in colleges and universities. The students' expectation of counseling and the stubbornness of the counselor's identity formed a potential contradiction, and six possible sub-type counseling relationships were found. Conclusion: The influence of dual identities does exist, but in order to meet the expectations of students, counselors have established a unique psychological counseling method that meets the characteristics of colleges and universities.

/ **Keywords** /

Counseling relationships, Dual identities, Psychological counseling in college, Semi-structured interview

《心理传记与质性心理学》征稿启事

《心理传记与质性心理学》（*Psychobiography and Qualitative Psychology*）（原名《生命叙事与心理传记学》）集刊由中国心理学会心理学质性研究专业委员会和岭南师范学院心理传记学与生命叙事研究所共同主办，每年出版两辑（6月和12月出版），中央编译出版社出版。本刊实行匿名审稿制，设有如下栏目：心理传记学；叙事心理学（含生命叙事、自我叙事、生命史等）；以及其他各种质性方法在心理学研究中的应用（如扎根理论、解释现象学分析、话语分析、对谈分析、叙事访谈、生命故事访谈、焦点团体、民族志、参与式观察等）。

投稿格式要求：

一、稿件提交：来稿需提交 Word 文档电子版（发送至电子邮箱：smxsxlzj@sina.com）

二、文章字数要求：考虑到本集刊的特点及创新性问题，对稿件字数不做严格要求，但每篇文章最多不超过3万字。

三、文题、作者及单位：中文文题一般以20个汉字以内为宜。作者姓名列在文题下，单位列在作者姓名之下。单位项依次列出单位名称、单位所在城市和邮政编码，三者之间用逗号分隔。如有基金资助的文章，在文题后面打上"*"，在页下注中列出"*"及所对应的基金名称、项目批准号；同时，也一并在首页页下注中列出第一作者或通讯作者的电子邮箱。

四、摘要和关键词：须附中、英文摘要。中文摘要不超过 300 字，为了便于国际交流，英文摘要可长些，但不超过 500 字或一页。中英文关键词 3—5 个，每个词之间用逗号分隔。摘要二字之间隔一个汉字。

五、正文：各级标题序号依次用一、（一）、1 和（1），作为一级标题、二级标题、三级标题和四级标题。文中表格采用三线表。根据出现的顺序列出表（图）1、表（图）2 及其相应的名称等。表（图）序及表名列于整个表（图）上（下）方正中间，如有表（图）注，列在表（图）的下方。

正文中引用的研究文献可以作为句子的一个成分，放在引用内容的前面，例如，张三和李四（2011）认为……；也可放在引用内容的后面，例如，……心理传记学与人格学的关系（张三，李四，2011）。最多列出三个作者，中间用逗号分隔；如是英文作者，两个作者的，其间用"&"号分隔，三个作者的，在第二作者与第三作者之间用"&"。超过三个作者的，后加"等"字或"et al."。如直接引用他人的一段话，可另起一段，缩进两字，不加引号，小 5 号楷体。正文中注释采用页下注（脚注），用符号①、②……在文中标出，每页依序重新编号。引用内容如果为图书文献，要在相应的文中列出引用的内容所在页码，例如，（张三，1998：68）。

六、参考文献：执行 APA 格式的"作者 – 出版年制"。中文文献在前，英文文献在后，按照作者姓氏字母顺序排列。几种主要文献的书写格式举例如下：

1. 中文文献

（1）引用期刊

作者（出版年）. 文章题目. 刊名. 刊卷（期），页码.

张建人，周晋彪，凌辉（2010）. 鲁迅人格的心理传记学研究. 中国临床心理学杂志，18（3），339 – 342.

（2）引用专著

作者（出版年）．书名．出版社所在城市：出版社．

胡波（1997）．岭南文化与孙中山．广州：中山大学出版社．

（3）引用析出文献

作者（出版年）．析出文章名．编者．书名．出版社所在城市：出版社．

何翠萍（1992）．比较象征学大师——特纳．见黄英贵主编．见证与诠释：当代人类学家．台北：中正书局．

（4）引用译著

作者译名或原名（采用译名或原名以译著封面标识为准）（译著出版年）．书名（某某译）．出版社所在城市：出版社．（原著版本语言及出版年）．

沃尔特．C．兰格（2011）．希特勒的心态——战时秘密报告（程洪雁译）．北京：中央编译出版社．（英文版1972年）．

（5）引用会议论文

作者（出版年月）．论文题目．会议名称，会议地点

郑剑虹（2011，9月）．心理传记学研究的质量结合模式与资料筛选．第七届华人心理学家学术研讨会论文，台北．

（6）引用学位论文

作者（出版年月）．论文题目．学位，授予学位单位，城市．

朱晨海（2003）．近现代中国文化名人人格研究．博士学位论文，华东师范大学心理系，上海．

2. 英文文献

（1）引用期刊（刊名斜体字）

Authur, A. A. (year). Title of Article. *Title of Periodical*. issue, page number.

McAdams, D. P. (2001). The Psychology of Life Stories. *Review of General Psychology*, 5(1), 100–122.

（2）引用专著（书名斜体字）

Authur, A. A. (year). *Title of Work.* Location: Publisher.

McAdams, D. P. & Ochberg, R. L. (1988). *Psychobiography and Life Narratives.* Durham and London: Duke University Press.

（3）引用析出文献（书名斜体字）

Authur, A. A. (year). Title of Chapter. In Editor A. & Editor B. (Eds.), *Title of Book* (page number). Location: Publisher.

Crosby, F. & Crosby, T. L. (1981). Psychobiography and Psychohistory. In S. L. Long (Ed.), *The Handbook of Political Behavior.* New York: Plenum, pp. 195-254.

（4）引用会议论文（论文题目斜体字）

Authur, A. A. (year). *Title of Paper.* Paper Sourse, Location.

Karpiak, I. E. (2008, October). *At Midlife: Crossing a Threshold of Change, Challenge, and Creativity.* Paper Presented at National Chengchi University on 2008 International Conference on Creativity Education, Taipei.

（5）引用学位论文（论文题目斜体字）

Authur, A. A. (year). *Title of paper.* Degree, University, City, Country.

Almeida, D. M. (1990). *Fathers' Participation in Family Work: Consequences for Fathers' Stress and Father-child Relations.* Master Dissertation, University of Victoria, Victoria, British Columbia, Canada.

未提及的文献类型，请查阅《美国心理协会写作手册》（英文第5版，中译本，重庆大学出版社2008年版）。

其中中文部分的逗号、括号等标点符号用全角，连接号"—"为一字线。英文部分标点符号为半角，连接号"-"为半字线。不可混用。

已有中文译本的英文文献，如果作者参考的是原著，则按英文文献处理；

如果参考的是译著，则按照中文文献中的译著处理。

七、访谈稿：访谈录音稿转录为逐字稿后，要断句，加标点符号。

八、数字：公历世纪、年代、年、月、日、时刻和计量均用阿拉伯数字。

九、字体要求：文题（小2宋体加粗）；作者（小4宋体加粗）；作者单位（小5宋体）；摘要与关键词（小5宋体，1.5倍行距。摘要二字之间分隔一个汉字，关键词之间用逗号分隔，摘要和关键词这几个字字体加粗）；正文（5号宋体，1.5倍行距编辑；英文和数字均采用Times New Roman字体；图表为小5号宋体。一级标题4号宋体加粗，二级标题5号宋体加粗，三级标题5号黑体，四级标题5号宋体）；参考文献四字顶格，5号宋体加粗；引用的各类参考文献字体为小5号宋体。脚注字体为6号宋体。英文刊名，书名，会议论文、学位论文和网络论文题目用斜体。文中的统计学符号采用斜体。

《心理传记与质性心理学》
2020 年审稿专家名录

以下是《心理传记与质性心理学》2020 年的审稿专家名单及其审稿篇数。编辑部代表广大读者和作者对各位审稿专家表示由衷的感谢！

1. 谷传华（3 篇）
2. 刘电芝（2 篇）
3. 郑剑虹（2 篇）
4. 郭斯萍（2 篇）
5. 吴继霞（2 篇）
6. 尹可丽（2 篇）
7. 凌辉（2 篇）
8. 舒跃育（2 篇）
9. 张爱莲（2 篇）
10. 刘毅（2 篇）
11. 何吴明（2 篇）
12. 张继元（中国台湾，2 篇）
13. 燕良轼（1 篇）
14. 郭永玉（1 篇）

15. 杨莉萍（1 篇）

16. 叶一舵（1 篇）

17. 耿文秀（1 篇）

18. 崔光辉（1 篇）

19. 毕重增（1 篇）

20. 陈羿君（1 篇）

21. 陈建文（1 篇）

22. 杨玲（1 篇）

23. 李力红（1 篇）

24. 徐建平（1 篇）

25. 罗鸣春（1 篇）

26. 姜永志（1 篇）

27. 刘燕平（1 篇）

28. 陈祥美（中国台湾，1 篇）

29. 薛荣祥（中国台湾，1 篇）

30. 李文玫（中国台湾，1 篇）